—— 從零開始讀懂 ——

數位行銷

西川　英彥、澀谷　覚——編

陳朕疆——譯

序

可能會有人認為，數位行銷聽起來很困難，和自己沒什麼關係。但實際上，在各位「從LINE獲得優惠券」、「把喜歡的商品照片貼到Instagram上」的時候，就已經參與了數位行銷。數位行銷其實就近在你我周圍。

本書是寫給初次接觸數位行銷，或者想從頭開始學習數位行銷的人的教科書。坊間有許多講數位行銷的書籍。但大部分都是說明技術上的knowhow或如何使用工具等操作說明書，有許多專業術語，或者內容過於偏頗。很少看到有哪本書會從數位行銷的基礎知識開始談起，從「理論」與「概念」建構出一套教科書般的標準化體系。會有這樣的結果，也是因為對業界或作者來說，市場上的數位行銷變化速度過快，相關理論與概念也會跟著迅速改變，所以要製作一套標準化教科書並沒有那麼容易。

在這樣的背景之下，我們仍以製作數位行銷的教科書為目標，執筆編著本書，在幾個地方下了不少工夫。

第一，我們會用過去的傳統行銷框架，在說明傳統行銷方式的同時，代入數位行銷的理論與概念。這樣不只有助於讓讀者瞭解整個數位行銷理論與概念的體系，也能讓讀者明白數位行銷與傳統行銷的差異。具體來說，我們會用STP（市場劃分Segmentation、選定目標市場Targeting、市場定位Positioning）、4P（產品Product、價格Price、通路Place、推廣Promotion）等框架，說明數位行銷與傳統行銷的不同之處。之所以會用這種方法來說明數位行銷，是因

為在現在這個數位社會中,傳統行銷與數位行銷都是必要的行銷方式,瞭解兩者在架構上的關聯是一件很重要的事。

　　第二,即使數位行銷的理論與概念常出現劇烈變化,本書卻能挑出一直都很重要、不曾改變過的基礎理論與概念加以說明。為了做到這點,我們參考了許多與數位行銷有關的教科書及研究論文,找來各行銷領域的優秀學者執筆,經過多次討論後,才選出了最為基礎的理論與概念。特別是《行銷4.0:新虛實融合時代贏得顧客的全思維》,更是本書的整體參考來源。閱讀完本書後,請您務必接著閱讀《行銷4.0》。

　　第三,本書會以Amazon、Tabelog、Mercari、無印良品等近在你我身邊的企業為例,說明數位行銷的概念與理論。為了幫助各位理解,執筆陣容會從各種議題中,挑選出各種具代表性的案例為主題,詳述數位行銷的概念與理論。

　　第四,本書會盡可能用簡單的言語、具體的方式、例子,說明數位行銷的理論與概念。即使提到專業術語,也會詳細說明術語的意思,幫助初學者理解。

　　第五,本書可分為三部,架構簡單易懂。首先在「第I部 什麼是數位行銷」中,幫助讀者瞭解數位社會的特徵、客戶的消費行為變化、企業的商業模式變化,以明白數位行銷的整體架構。接著在「第II部 數位行銷策略」中,學習4P中各種策略的基礎與延伸。最後在「第III部 數位行銷管理」中,瞭解實踐數位行銷時會用到的工具與基礎建設。

　　透過本書,可以瞭解到數位行銷和你我息息相關。換句話說,學習這些近在你我身邊的數位行銷,已是生存在現代社會中不可或

缺的一部份。學習數位行銷的基礎知識,並連結到身邊的各種現象,加深自己的理解,能讓您在這個進步中的數位社會更加活躍。

2019年1月

編著者 西川 英彥、澁谷覚

CONTENTS

第2章　數位社會的消費者行動：Tabelog

第3章　數位社會的商業模式：Mercari

第4章　數位行銷的基本概念：無印良品

第Ⅱ部　數位行銷策略

第5章　產品策略的基礎：Apple

第6章　產品策略的延伸：樂高

第7章　價格策略的基礎：全日空

第8章　價格策略的延伸：Airbnb

第9章　通路策略的基礎：Uniqlo

第10章　通路策略的延伸：Uber

第11章　推廣策略的基礎：Lawson員工♪Akiko chan

第12章　推廣策略的延伸：TripAdvisor

第Ⅲ部 數位行銷管理

第13章　數位社會的研究：Google

第14章　數位社會的物流：大和運輸

第15章　數位社會的資訊系統：Salesforce.com

第 I 部

什麼是數位行銷

第1章
第2章
第3章
第4章
第5章
第6章
第7章
第8章
第9章
第10章
第11章
第12章
第13章
第14章
第15章

第1章

數位社會的行銷：
Amazon

1. 前言

　　各位會和多數朋友分享資訊量密度很高的內容嗎？以下我們定義資訊能夠觸及到的朋友數為「觸及數」（reach），而內容的資訊量密度為「豐富度」（richness）。通常，面對許多朋友時，我們不大能分享資訊量密度高的內容（觸及數越高，豐富度越低）；面對較少朋友時，比較能分享資訊量密度高的內容（觸及數越低，豐富度越高）。或者說，資訊的觸及數與豐富度之間有抵換關係（互相衝突）。

　　現實社會中或許是這樣沒錯。但如果是在數位社會中，SNS（社群服務）可大幅改善這種抵換關係，同時提高觸及數與豐富度。這就是數位社會下的基礎理論。在個人電腦、智慧型手機等資訊裝置陸續登場後，網際網路這個新的基礎建設，讓許多消費者與企業能夠同時提高觸及數與豐富度，形成彼此連結緊密的數位社會。這也使得傳統行銷方式的前提出現大幅度改變。

　　本章中，我們會提到數位行銷的背景——數位社會的基礎理論，接著介紹數位行銷是什麼，幫助您理解本書整體架構，再用Amazon.com的案例，說明這個佔了美國四成的線上零售市場、徹底的顧客導向、為不失去創業期間的速度感而持續實踐「Day one」（第一天）哲學的公司如何進行數位行銷。

2. Amazon

◇創業

　　Amazon的誕生，源自於紐約的投資公司創業者，以及該公司的一名員工，傑夫‧貝佐斯。他們在會議上討論到了一個使用網際網路創業的構想。這個構想所描繪的是一個包含了免費電子郵件、線上證券服務，「可連結網際網路上的所有企業與消費者，向全世界的人們販賣各種商品」的「Everything Store」。

　　貝佐斯預料，隨著網路普及的速度增加，事業也會急速成長。在一個市場上站穩了之後，就可以馬上拓展到其他市場。於是他在電腦軟體、事務用品、服飾、音樂等20多種產品中，選擇了書籍。顧客在購買書籍時，不會對品質有疑慮；市場上已有書籍批發商，進貨容易；還可以一次進貨大量種類的書，遠勝於大型書店可一次陳列出來的量，活用網際網路的優勢。

　　但是，在公司內創業的新公司不會是自己的公司。於是決定要獨立創業，年僅30歲的貝佐斯，來到了華盛頓州的西雅圖，這裡有大型倉庫，可馬上進貨存放大批書籍，於1994年創業。

◇網站啟用

　　1995年春天，他和數十名朋友開始進行秘密測試。只有文字的網站幾乎沒什麼看頭，不過他們完成了購物車、簡單的搜尋引擎、可以安全輸入信用卡號碼的機制等功能。7月時，他們向大眾公開網站。當時即使是大型書店，也只有18萬項書籍，這個剛誕生的網

站卻成了可以購買超過100萬項書籍的「地球最大書店」。當時，他們將新書與暢銷書降價40%，做為犧牲打商品（loss leader）。這也是大型書店的常用手段，不過這家網路書店的降價幅度遠超過一般書店，甚至連其他書籍也都降價10%。

隨後Amazon開放了意見回饋功能（review）。貝佐斯認為，與既有的線上書店網站相比，如果Amazon網站上有越多顧客寫下的書評，將有助於提升業績。而且，Amazon也會顯示負面的回饋。雖然這會讓出版社職員抱怨，卻能夠幫助顧客判斷書的好壞，於是Amazon越來越壯大。既有的大型書籍連鎖店卻因為實體書店的銷售可能被侵蝕，而不願意積極投入線上書店的經營。而且大型書及連鎖店的物流機制也不適合配送書籍給個人。

1996年，Amazon提出了一項大膽的創新。如果顧客從第三方網站的書籍介紹頁面購入書籍，那麼第三方網站可以獲得8%的介紹費，將其他網站也納入了Amazon的行銷網，即所謂的「聯盟行銷」（affiliate marketing）。而且顧客可以推薦自己購買過的書。另外，當某位顧客購買一本書之後，Amazon會從所有顧客的購買記錄中，找出買了這本書的顧客還買了哪些書（即使是在不同時間購買），然後推薦給這位顧客。這些措施都提升了Amazon的營業額。

◇Everything Store

1998年時，貝佐斯下令找出可存放許多品項於倉庫、實體店面少、方便郵寄的商品類別。最後Amazon選擇了音樂CD與影像

DVD，然後和販賣書籍時一樣，從批發商進貨。取得實際銷售業績後，Amazon得以直接和發行商交易，並大獲成功。網站上的標語也從「地球上最多品項的商店」變成了「Everything Store」。同一時期，「一鍵購物」服務誕生，顧客只要填寫信用卡資訊和寄送地址，以後只要按下一個鍵就能完成訂購商品的步驟。

　　1999年，Amazon的販賣項目擴大到了玩具與家電。但這兩類商品不存在大型批發商，使Amazon陷入苦戰。當時沒有電子零售系統的玩具反斗城前來試探合作意願，將庫存品放在物流中心，由Amazon販賣。這是Amazon的平台商務（參考第3章）的第一步，將最耗費銷售成本的部份轉嫁給其他公司。後來Amazon也陸續與許多公司合作，短期內獲得了一定收益，後來卻一一取消。貝佐斯似乎不希望「販賣無限多種商品」這個目標得靠其他公司才能達成。

◇Marketplace

　　後來拍賣網站eBay的急速成長，讓自稱Everything Store的Amazon感到危機，於是從1999起開始了Amazon拍賣的業務。然而，已習慣以固定價格購入商品的Amazon常客，無法適應拍賣網站的運作方式，導致Amazon拍賣網站失敗。後來Amazon拍賣改版成新平台，讓小型零售店家可以在上面開店，結果也做不起來。

　　原因在於購物平台上，非Amazon賣家的商品頁面孤立於Amazon網頁之外，無法吸引到顧客目光。於是貝佐斯等人嘗試分析顧客如何連結到平台的商品頁面。他們發現，大部份的顧客並不是直接連結到平台的商品頁面，而是從Amazon在類似商品頁面中

自動列出的連結連過來。「多數人是從Amazon的商品頁面連結到平台商品頁面」是個很重要的發現。在eBay搜尋商品名稱時，會列出好幾十頁的搜尋結果，使顧客的點擊分散；但在Amazon只會列出一頁有豐富商品資訊的搜尋結果，讓顧客的點擊集中。

貝佐斯發現，能將網路上許多充實的商品資訊集中在同一個頁面上，是Amazon的優勢，而活用這個優勢正是平台成功的關鍵。於是Amazon著手開發新的「Marketplace」系統，在原本就有很多商品連結的Amazon頁面中，也放入了非Amazon店家的商品。

最初使用這個系統的是Amazon的二手書商店。當顧客買到較便宜的二手書，或者因為Amazon缺貨而向網站上其他店家購買這本書時，Amazon可以從中獲得手續費。不過這個做法卻引來了出版社與作家的抗議，他們說這樣會讓新書賣不出去。公司內也有人認為，第三方店家會搶走Amazon的銷售額。貝佐斯則回應，我們只是增加顧客選擇而已，只要Amazon的品項充實，就不會有問題了。

【圖 1-1　Amazon 的飛輪】

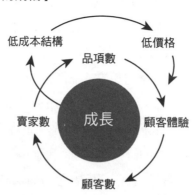

低成本結構　低價格
品項數
成長
賣家數　顧客體驗
顧客數

出處：Amazon網站，由作者翻譯、製作

後來Amazon描繪出了這個思想背後的模型。據外部講師在2001年的說法，貝佐斯描繪出了能夠強化事業的良性循環模型——「飛輪」（圖1-1）。商品降價後可提升顧客體驗，提升客戶數。客戶數增加後，可吸引更多願意支付手續費的第三方店家。這樣就能夠有效活用伺服器、物流中心等固定成本，打造低成本結構的商業模式。降低成本結構後，又可以再調降價格。如果每個環節都能夠推動這個飛輪，就可以加速這個良性循環的運轉速度。

◇Prime會員

貝佐斯認為，顧客會因為他人的評論而影響購物決定，所以改善顧客體驗是最能夠驅動飛輪的方式。免運費活動就是為了改善顧客體驗。但要做到完全免運費還是有些困難。一般航空公司會給以旅遊為目的，週六會在目的地住宿的乘客折扣；至於在平日搭乘飛機，可以用公司經費購票的乘客則拿不到折扣。於是貝佐斯提出，要求商品迅速送達的顧客，運費和以前一樣；沒有那麼急的顧客在購買一定金額以上時可以免運費，等到快遞或郵局業者的貨車有多餘空間時，再透過快遞、郵局運送貨物，藉此抑制運費。導入這項機制以後，顧客每次購物的金額提高了，購物時同時購買其他商品的情況也跟著增加。

2004年時，Amazon以重視速度的客戶為目標，推出免運費、且保證兩日內收到貨物的服務。那就是年會費約8,500日圓的Prime會員制度。如果Prime會員短期內多次訂購商品的話，可能會造成Amazon在運費上的虧損，然而許多人在成為Prime會員後，購買金

額增加到原本的兩倍以上，使飛輪運轉得更為快速。2006年時，Amazon導入了Amazon物流（Fulfillment by Amazon, FBA）服務，直接向賣家收件，然後運送到買家手上。如果買家是Prime會員，亦同樣享有免運費、兩日內收到貨物的服務，最後Amazon物流大獲成功。

2010年時，為了吸引更多人加入Prime會員，Amazon設立了Amazon Studios，工作是發行、製作電視節目與電影。其中還有某部電影在2017年的奧斯卡金像獎中，獲得了劇本獎與男主角獎。

◇持續擴大

後來Amazon仍持續挑戰新的領域。2005年推出原創產品品牌AmazonBasics，販賣乾電池、電源線、旅行箱等。2007年時，隨著電子書閱讀裝置Kindle上市，Amazon開始販售電子書籍。2006年推出Amazon雲端服務（Amazon Web Services, AWS），提供儲存（保管資料）、資料庫、資訊處理服務，為電腦網路的基礎設施，是Amazon很大的獲利來源。2014年推出搭載了語音助理Alexa的智慧音箱Echo。2015年推出可以貼在冰箱與洗臉台，只要按一下就可以訂購相關商品的Dash鈕。

3. 觸及數與豐富度

◇現實社會：資訊與實物不可分離

那麼，網路世界到底為社會帶來了什麼樣的變化呢？首先讓我們來確認現實社會至今的運作原則吧。

請回想一下店面商品的陳列架。陳列架上有「廣告板」（資訊），可以讓消費者在選擇商品時獲得必要資訊，同時還放著「庫存」商品（實物）。也就是說，陳列架可同時做到「資訊」與「實物」兩種功能。或許過去您不曾用這個角度看待店面的陳列架，但這確實是理解數位社會時的重要線索。

「實物」與「資訊」的原理在根本上就有很大的不同。資訊可以大量複製且幾乎不花任何成本（參考第5章）。但通常，現實社會的「資訊」與「實物」不可分離，使這兩種東西的經濟原理也不得不綁在一起看。再來，請回想一下陳列架的樣子。如過店面以提供更多「資訊」為目的上架貨物的話，會盡可能地增加架上商品的種類。商品種類越多，消費者可選擇的商品也越多，有助於提高營業額。相反的，如果重視「實物」帶來的經濟效應，則會視各種商品的銷售狀況，調整上架的商品種類。畢竟架上的商品種類越多，就會包含越多賣不好的商品，徒然增加進貨成本與倉儲成本。因此，在過去的運作模式中，無法同時實現「資訊」與「實物」帶來的經濟效應。

只要「資訊」與「實物」在物理上綁在一起，「資訊」的經濟原理就會受到一個基本原則的控制。那就是代表資訊濃度、密度的屬質水準「豐富度」（richness），以及代表資訊擴散程度的屬量水

專欄 1-1

網際網網路與資訊裝置

美國自 1960 年代初期，便開始研究網際網路的理論，1969 年時實際投入應用。不過在 1990 年以前，網際網路仍只限軍方、高等教育機構、少數企業機構使用，且被認為難以應用於商務。當時的法律明確規定，網路禁止用於交易，也不能用於交換商業資訊。

不過在 1990 年代初期後，情況出現很大的變化。過去提供研究資金的美國政府開始解除使用限制。並於 1994 年開始建立新的網際網路骨幹線路，使之能用在商務上。同時，讓網路操作變得更簡單的基礎系統——全球資訊網（World Wide Web, WWW）也有了飛躍性的發展，加速了網路的商務應用。

另一方面，搭載了 Windows 95，上網更為方便的個人電腦於 1995 年開始發售，使個人網路用戶數進一步增加。日本也出現了類似的狀況，就像是在呼應這個現象一樣，同時期裝設撥號連線裝置（窄頻）的用戶、地區大幅增加，使網路逐漸普及到一般社會大眾。在這之後，高速、高流量的通訊線路（寬頻）登場，到了 2003 年，寬頻用戶人數超過了窄頻，許多家庭都有電腦與簡便的上網裝置。

2007 年時，隨著 iPhone 的登場與智慧型手機的普及，消費者與企業無論何時何地都與網路相連，人們進入了數位社會。2014 年時，以 Amazon Echo 為首的多種智慧音箱陸續登場，不需手動輸入就可以操作各種裝置，方便不擅長操作裝置的老年人使用，資訊裝置的市場迎來了新的局面。

就這樣，網路與資訊裝置的登場成為了契機，大幅改變了過去的行銷模式。

【圖 1-2　資訊的觸及數與豐富度的抵換】

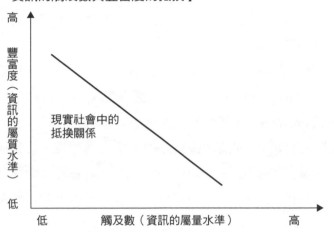

第1章

出處：本書作者參考Evans、Wurster著作（2000）的圖3-1繪製

準「觸及數」（reach）彼此互為抵換關係。我們在本章一開始也有提到，在現實社會中，我們很難一次和多數朋友分享內容深奧的資訊。

◇數位社會：資訊與實物分離

　　但隨著網際網路的普及，在這個資訊社會下，「資訊」與「實物」已可分離。若能將「資訊」與「實物」在物理上分離，就能夠消除兩者間的抵換關係。

　　讓我們來看看書店產業的例子。傳統書店的店面較小，卻能因應地方上的顧客需求進貨，顧客不知道要買哪本書時，還能請店員推薦。也就是說，對傳統書店的營運模式來說，資訊觸及數較少，但資訊豐富度較高。相較於傳統書店，大型書店則以齊全的品項與

新書優惠為武器吸引顧客。然而，大型書店卻無法像傳統書店那樣，與店員討論要買哪本數。換言之，大型書店選擇犧牲資訊豐富度，換取資訊觸及數的增加。

　　進入數位社會後，線上書店Amazon收羅了比大型書店更多的品項。早期的Amazon犧牲了「能在店面翻閱並馬上獲得」的資訊豐富度，換取更高的資訊觸及數。大型書店僅約有18萬個書籍品項，Amazon卻擁有超過100萬個書籍品項，是「地球最大的書店」。然而Amazon並非把書放在公司中，就「資訊」來說是地球最大的書店，但就「實物」來說卻是地球最小的書店，可以說是將數位社會中，資訊與實物分離的特性發揮到極致的例子。

　　到了今天，Amazon仍持續擴張商品種類，增加音樂、電影等數位財，讓第三方可上架自己的商品，讓顧客可以線上試讀，可在短期間內交貨，還提供推薦服務。就這樣，Amazon不僅提升了觸及數，也藉由網路提高了豐富度（圖1-3）。

【圖1-3　書店業界的觸及數與豐富度】

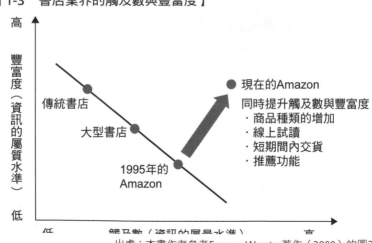

出處：本書作者參考Evans、Wurster著作（2000）的圖3-1繪製

　　這種在數位社會下，觸及數大幅提升的狀況，可以用「長尾現象」來說明。傳統商務的經驗法則認為，在某個特定領域中，前20%的熱門商品佔了整體銷售額的80%（換言之，後80%的商品佔了整體銷售額的20%），也就是所謂的「80/20法則」。然而在數位社會中的商務，如果將各種商品依銷售量由左而右排列，並設縱軸為銷售量作圖，可以看到銷售量較低的商品就像恐龍的尾巴一樣長。也就是說，銷售量較低的商品品項數非常多。因為圖形像是一條長長的尾巴，所以稱這種現象為「長尾現象」。前端部份稱做「頭」，後端部份稱做「尾」（圖1-4）。資訊與實物分離後的數位社會，觸及數會變得非常大，大到不可能在現實社會中發生。同時，觸及數的增加，讓店家可以從廣大的商品項目中，為個別顧客推薦最適合他們的商品，提高資訊的豐富度。

【圖 1-4　長尾現象】

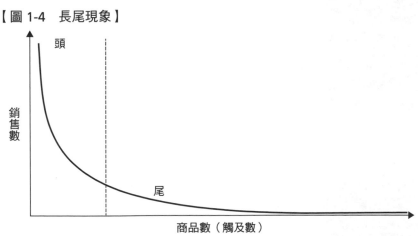

出處：參考Anderson的著作（2006）繪製

4. 數位行銷

接著讓我們來確認一下本書提到的數位行銷中，與Amazon有關的部份。

◇什麼是數位行銷

首先，在第 I 部中，我們會介紹數位行銷的整體概念。第2章中，我們會藉由Tabelog的案例，學習數位社會中的消費者行為。Amazon的顧客可以從銷售排行與推薦列表得知商品資訊，看過其他顧客的評論後再決定是否購入，使用後也可以上傳自己的評論。

【圖 1-5　本書架構】

第 I 部 什麼是數位行銷	第1章 數位社會的行銷		
	第2章 數位社會的消費者行動	第3章 數位社會的商業模式	第4章 數位行銷的基本概念
第 II 部 數位行銷策略	第5章 產品策略的基礎	第7章 價格策略的基礎	第9章 通路策略的基礎	第11章 推廣策略的基礎
	第6章 產品策略的延伸	第8章 價格策略的延伸	第10章 通路策略的延伸	第12章 推廣策略的延伸
第 III 部 數位行銷管理	第13章 數位社會的研究	第14章 數位社會的物流	第15章 數位社會的資訊系統

第 1 章

專欄 1-2

架構的生態系

網際網路的架構（architecture）可以讓電子商業中，各個彼此依賴、協調的對象形成一個生態系，也就是濱野智史所說的「架構的生態系」。

網際網路由設置在許多地方的電腦（伺服器）彼此相連而成。全球資訊網（www）讓各個電腦可以在任何時候讀取網站上的檔案，使用者可藉由超連結，或者是表示檔案位址的 URL 連結到檔案。

為了讓使用者能從許多網站中搜尋自己想看的網站，Yahoo! 等搜尋引擎陸續登場。不過，當時的搜尋網站是以人力蒐集網址製成清單，搜尋能力有一定限制。在這樣的背景下，Google 的登場讓搜尋系統產生了劇烈的變化。Google 使用的是名為「PageRank」的搜尋演算法（計算方法），越重要的網站越容易被搜尋到（參考第 13 章）。Google 的搜尋引擎不以網站內容判斷網站的重要性，而是以連到該網站的連結數量排序。Google 把這個機制比喻為投票。如果 A 網站中有 B 網站的連結，就相當於 A 對 B 投下了支持票，而網站獲得的票數，就相當於該網站的重要程度。而且，Google 統計的不只是單純的連結數量，越重要的網頁，投的票會有越高的評價。

在 Google 的機制下，部落格會自動成為容易被搜尋到的網站。部落格會以文章為單位生成連結。當人們在別人的部落格中看到有趣的文章，就會轉貼連結到自己的部落格上加以介紹。而且在轉貼連結時，通知原文部落格的「TrackBack」功能也是一種連結。也就是說，引用來源的部落格，以及引用文章的部落格之間，會自動形成「互相連結」的狀態。

就這樣，Google 創造出了網站的結構，Google 創造的結構讓許多部落格進一步成長。Google 活用了網路先驅世代的架構特性，採用了最適合的搜尋機制，提高自己的效用與價值。從架構生態系的角度來看，在數位社會的商業活動中，數位行銷已成為重要的一環。

我們可從這些案例中，瞭解顧客的購買意願決定過程中有哪些階段，瞭解顧客在「客戶旅程」中與企業有哪些接觸，以及瞭解顧客在數位社會中的「數位素養」。

第3章將以Mercari為例，說明數位社會的商業模式。Amazon也有經營由第三方販賣給顧客的Marketplace。我們可從這些案例中，瞭解這種在數位社會中急速成長的「平台」，以及使其急速成長的原因「網路效應」。

第4章將以無印良品為例，說明數位行銷的基本概念。Amazon會列出顧客的回饋（review），讓顧客加入銷售活動。我們可從這些案例中，瞭解企業如何與顧客「合作」，以及之後會提到的「行銷組合」。

◇數位行銷策略

第 II 部中，我們將談到數位行銷策略中的行銷組合（Market Mix，MM）。行銷組合由4P（四種要素的首字母皆為P）組成，包括產品（Product）、價格（Price）、通路（Place）、推廣（Promotion）。這個部份中，將會介紹如何藉由行銷組合，以及擴大與顧客的合作，從以企業為中心的「基礎」策略，「擴張」成以顧客為中心的策略。

產品策略

第5章將以Apple為例，說明產品策略的基礎。Amazon販賣的產品包括電子書、音樂、電視節目、電影等資訊財，以及可連上網路的Echo、Dash鈕。本章將帶您瞭解「資訊財」，以及各種產品連上網路後形成的「IoT」等概念。第6章將以樂高為例，說明產品策略的延伸。本章還將帶您瞭解Amazon曾實驗性推出的共創活動「群眾外包」，讓企業與顧客共同開發產品；以及讓社群成員們共同開發產品的「新創社群」。

價格策略

第7章將以全日空為例，說明價格策略的基礎。Amazon會視當時的需求改變價格。而且，不同顧客群也會有不同的定價，譬如Prime會員價、學生優惠價等。本章將帶您瞭解這種依照「時間」與「顧客群」彈性定價的「動態定價」機制。第8章將以Airbnb為例，說明價格策略的延伸。Amazon的Marketplace中，賣家可自由決定販賣價格。本章將帶您瞭解這種「消費者間交易的動態定價」，以及背後的「電子支付」機制。

通路策略

第9章將以Uniqlo為例，說明通路策略的基礎。通路指的是製造商製造出產品到消費者拿到產品中間經過的路徑。Amazon會自行企劃、販賣電視節目、電影、AmazonBasic產品、Echo、Kindle。本章將帶您瞭解這種「直接銷售」模式，以及讓顧客可自由選擇購買、收取地點的「全通路」（omni-channel）。第10章將以Uber為例，說明通路策略的延伸。Amazon的Marketplace平台可讓消費者彼此買賣。本章將帶您瞭解這種「消費者間交易」，以及讓消費者可以將自己的東西借給第三方的「共享經濟」。

推廣策略

第11章將以Lawson員工 Akiko chan為例，說明推廣策略的基礎。Amazon會透過網站與電子郵件雜誌等自有媒體，以及電視廣告、Facebook等付費媒體推廣。此外，還會使用聯盟行銷方式，透過部落格等第三方媒體（無償媒體）推廣商品。本章將帶您瞭解由上述三種媒體構成的「三媒體」框架，以及實現這種方法的「內容行銷」。第12章將以TripAdvisor為例，說明推廣策略的延伸。Amazon的顧客可以就商品或賣家提出感想與星等評價，即所謂的回饋（review）。本章將帶您瞭解顧客的「評論」、星等評價等「共同評等」機制。

數位行銷管理

　　第Ⅲ部中，我們將談到數位行銷中相當重要的研究調查工作與基礎設施管理。第13章將以Google為例，說明數位社會中如何進行研究調查工作。就像Amazon在Marketplace誕生時說的一樣，我們可以透過研究調查工作，用龐大的資料來驗證一開始建立的假設。本章將帶您瞭解什麼是「探索型研究」與「驗證型研究」。

　　第14章將以大和運輸為例，說明數位社會中的物流。Amazon會在各大都市設置適於配送給個人的物流中心，使貨物能在1至2小時內送到消費者手上。並在大都市近郊地區推展由消費者運送貨物的服務。本章將帶您瞭解這些「物流」機制，以及「再配送」的問題。

　　第15章將以Salesforce.com為例，說明數位社會中的資訊系統。Amazon的雲端服務（AWS）可提供顧客基本的網路基礎設施。本章將帶您理解這些服務的核心「雲端」，以及實踐數位行銷的企業在開發產品時的重要開發手法「敏捷開發」。

　　以上就是本書的概要，您是不是又重新體會到Amazon的強大之處了呢？

5. 結語

本章以Amazon為例，說明數位行銷的背景，以觸及數與豐富度說明數位社會的基礎理論，並藉由各章概要，瞭解數位行銷的整體樣貌。許多消費者與企業早已藉由網際網路串聯在一起，形成數位社會。每個人都可以用智慧型手機閱讀別人寫的商品評論、在線上零售網站購買商品、用二手市場app販賣商品、當企業募集新構想時可以提供意見，這些雖然只是日常生活中微不足道的行為，卻也顯示我們已經身處於數位社會的行銷活動中。

Amazon藉由持續實踐「Day One」哲學而持續進化。您是否也從中感受到了行銷在數位社會中的重要性呢？

為了在這個發展中的數位社會持續活躍，學習數位行銷的運作方式已是不可或缺的一環。做為學習的導覽，本章列出了相關的基礎知識，幫助您瞭解數位行銷的整體樣貌。

❓深入思考

①試思考書店業界的觸及數與豐富度變化。

②試以書店業界的觸及數與豐富度變化為參考，思考其他業界的情況。

③請舉出能與Amazon對抗的企業，並思考其理由。

進階閱讀

☆若想深入研究數位社會的網路商業生態系，請閱讀

　濱野智史（蘇文淑譯）《架構的生態系：資訊環境被如何設計至今？》大藝，2011年。

☆若想深入研究數位行銷的整體內容，請閱讀

　菲利浦・科特勒、陳就學、伊萬・塞提亞宛（劉盈君譯）《行銷4.0：新虛實融合時代贏得顧客的全思維》天下雜誌，2017年。

第 2 章

數位社會的消費者行動：Tabelog

第 1 章
第 2 章
第 3 章
第 4 章
第 5 章
第 6 章
第 7 章
第 8 章
第 9 章
第 10 章
第 11 章
第 12 章
第 13 章
第 14 章
第 15 章

1. 前言

「爺爺，那麼老的書不可能找得到好店啦！」就讀大學的孫子對祖父這麼說。

擔任公司董事的祖父，常需安排飯局接待從海外來到日本的重要客戶。然而祖父長年以來都從那本貼滿標籤的《京都名店500選》中尋找候選店家。祖父認為，雖然書本身相當老舊，但這是值得信賴的出版社整理了許多美食家的評論後出版的書籍，選擇書中推薦的店家一定沒錯。

另一方面，做為大學生的孫子則認為，查詢Tabelog、Instagram等社群媒體上的內容，就可以判斷店家的氣氛或料理的味道了。祖父看的那本書已經是好幾年前的資訊了，用那麼久以前的資訊，真的有辦法找到適合的店家嗎？

這些資訊都是產品或服務與消費者的「接觸點」。在許多數位技術的幫助下，人們已可在網路上獲得這些資訊。現在的消費者在購入產品或服務之前，會在許多接觸點之下獲得各種經驗。從消費者首次聽說產品或服務、到開始蒐集相關資訊、購買使用、分享自己的體驗，這一連串的過程稱做客戶旅程。

現在的消費者在選擇產品和服務時，會在什麼時間點，用什麼樣的方式，參考什麼樣的資訊呢？本章將帶您瞭解生活在資訊社會的消費者如何行動。

2. Tabelog

◇Tabelog概要

　　Tabelog是2005年時由Kakaku.com建立的餐廳共同評論服務。當時該公司的核心服務為價格.com，這是將網際網路上所有電腦、家電產品的評論與價格資訊集中在同一個網頁，方便消費者蒐集資訊的服務，取得了很大的成功。Tabelog也是以「蒐集許多餐廳的資訊，方便消費者選擇餐廳」為目標而成立的事業。

　　當時的價格.com蒐集的是電腦、家電產品的產品評論與價格資訊。由於這些產品的購買間隔較長，所以消費者要隔很久一段時間，才會再次造訪同一個網站（也就是造訪頻率低）。相較之下，Tabelog蒐集的是對餐廳的評論，是消費者在日常生活中頻繁使用的服務，所以消費者會頻繁造訪Tabelog尋求餐廳的評論。於是，Tabelog便與Kakaku.com的價格.com服務形成互補關係，使用者也陸續增加。Tabelog在2009年時推出店鋪會員付費服務，讓餐廳可以在Tabelog內刊載店面資訊，進一步提升了營業額。2013年時推出可從Tabelog網站預約餐廳的網路預約服務，讓消費者可以在確認過評價後，馬上預約餐廳。

　　目前有在Tabelog上列名的餐廳數已超過80萬家，幾乎涵蓋了全日本的餐廳，消費者的評論數則超過2,400萬條，兩者皆為日本之最。其中，店鋪付費會員共有5萬6,000家。可使用餐廳排名搜尋、可使用會員優待券的個人付費會員則有150萬人。每個月拜訪網站、app的人次約有1億3,600萬人，於名於實都是日本國內最大的餐廳評論網站。

◇外食市場的標準客戶旅程

圖2-1為各種消費者前往某家特定餐廳消費時的客戶旅程。一個餐廳的顧客可以分成(a)不曉得該餐廳存在的客群、(b)不曾前往該餐廳消費，不過知道該餐廳存在的客群、(c)曾在該餐廳消費過一次的客群、(d)曾在該餐廳消費多次的客群，等四個客群。這四個客群在決定要到這家餐廳消費的意願決定過程中，分別處於知道這家餐廳（認知階段）、研究這是家什麼樣的餐廳（觀望階段）、實際預約消費（行動階段）、消費後感到滿意於是推薦他人消費（推薦階段）等四個階段。

客戶旅程如圖2-1所示，由縱軸（客群）與橫軸（意願決定過程）形成的各個座標方格，分別代表餐廳與各個消費客群在不同階段的接觸點，每個方格內都具體描述了該接觸點的消費者會從什麼樣的管道，獲得什麼樣的資訊。

舉例來說，對於(a)「不曉得該餐廳存在的客群」來說，在(a)-①的接觸點時，會使用Google等搜尋引擎輸入「地名＋中華料理」等關鍵字搜尋餐廳。若出現了這家餐廳，便會進入(a)-②的接觸點，藉由Tabelog等網站確認餐廳的菜單、內外裝潢、評論等。從這個階段以後，(a)客群就會與(b)「不曾前往該餐廳消費，不過知道該餐廳存在的客群」匯流。

(b)「不曾前往該餐廳消費，不過知道該餐廳存在的客群」已經知道餐廳的存在，所以在(b)-①接觸點中，顧客不會特別去搜尋，而是直接到餐廳的網站確認營業時間與地點。在接下來的(b)-②接觸點中，消費者會去Gurunavi確認是否有優惠券，然後在(b)-③透過Tabelog、Gurunavi、打電話向餐廳預約，或者直接到店家確認餐

【圖 2-1　外食市場的標準客戶旅程】

點，喜歡的話就會在餐廳內享用美食。如果滿意餐點，就會進入接觸點(b)-④，拜訪該餐廳的Facebook、Instagram等頁面。

(c)「曾在該餐廳消費過一次的客群」會跳過①「認知」階段，來到接觸點(c)-②。消費者會到餐廳網站確認今天是否營業，然後來到(c)-③，在Tabelog、Gurunavi等網站預約，或者用電話預約訂位，享受第二次的用餐經驗。接著進入(c)-④，選擇接受這個餐廳的電子通知，可能還會轉發給朋友。

最後，(d)「曾在該餐廳消費多次的客群」會跳過①與②的階段，想吃這家餐廳的時候，就進入(d)-③，直接向店家預約，然後在店內點自己喜歡的餐點。而在(d)-④中，消費者可能還會自行拍攝餐廳換季時的新菜單，在自己的SNS網站上推薦這家店。

在這個外食市場的標準客戶旅程中，以Tabelog為首的多個餐廳資訊蒐集網站正在彼此競爭。Tabelog已在「餐廳評論」這個領域中建立起了值得信賴的名聲，在搜尋引擎的搜尋結果中，Tabelog網站也常被列在前幾名。所以在客戶旅程中的①認知、②觀望、④推薦階段中，Tabelog有很大的優勢。另一方面，Gurunavi則在②觀望、③行動等階段有優勢。而在②觀望的階段中，Hot Pepper這個優惠券網站也有其優勢。

Kakaku.com為了鞏固自己在外食市場客戶旅程中的地位，亦著手提升自己在③行動階段的優勢，譬如將評論與網路預約服務放在同一個地方，促使消費者展開行動。

專欄 2-1

社交圖譜與興趣圖譜

　　網際網路上的人們會在兩種原因下連結在一起。第一種是因為興趣相似、關心相似的事物而產生的連結，他們能藉由網路與擁有類似興趣、關心類似事物的人們交流。這些人構成的連結稱做興趣圖譜（interest graph）。第二種是因為交友關係產生的連結，譬如學校的朋友、職場的同事、住附近的熟人、家人等線下有連結的人。通常我們和這些人在網路上也有連結，這樣的連結就稱做社交圖譜（social graph）。也就是說，因為社交圖譜而在網路上彼此連結的人，通常原本就認識；相對的，因為興趣圖譜而在網路上彼此連結的人們，雖然有類似的興趣與喜好，現實中卻通常沒見過面。

　　Facebook 原本是設計成讓（線下的）朋友們可以在網路上彼此聯絡、報告近況、建立連結的交流平台。也就是說，Facebook 等 SNS（社群網站）上的連結，是社交圖譜的延伸。這種由社交圖譜建立起來的連結，可以增加人與人之間的資訊交換效率，但這些人之間並沒有共同的興趣與喜好，所以透過社交圖譜發送的資訊，常很難引起社群內其他人的興趣。

　　相對的，透過興趣圖譜彼此連結的人們，因為擁有共同的興趣與喜好，故會積極聯絡、關心彼此。然而由這種交流模式獲得的資訊，通常只能在社群內流傳，很難擴散到社群之外，傳達給其他人。因為社群外的人們沒有這樣的興趣或喜好，不會想瞭解這樣的資訊。也就是說，靠著興趣圖譜連結在一起的人們，很難將資訊擴散到社群外。

第 2 章

◇消費者行動的變化與企業的應對

價格.com與Tabelog自設立以來,就設定消費者是以電腦收集資訊,故資訊的提供方式、畫面排版等都是以電腦介面為主。然而近年來使用智慧型手機、行動裝置的消費者越來越多。在2017年12月間,有1億1,371萬人次是由手機連上Tabelog網站,僅2,280萬人次是由電腦連上Tabelog網站。因此,設計新的網站以應對手機使用者的客戶旅程,就成了很重要的事。於是核心策略就變成了要設法讓用戶將Tabelog app放在手機首頁上,讓更多用戶覺得「想外食的時候就參考Tabelog」,並讓更多人為了這個目的而安裝Tabelog app。

然而,Tabelog並不是要強迫所有使用者都下載app。Tabelog一方面著手改善網頁介面,讓輕度使用者(外食頻率低的使用者)使用手機瀏覽器瀏覽頁面時更為便利;同時也持續推廣app,讓更多重度使用者(外時頻率高的使用者)加入。就這樣,Tabelog想透過全方位的策略,同時獲得更多的輕度與重度使用者。

3. 客戶旅程

◇客戶旅程與接觸點

　　在智慧型手機與行動裝置普及的數位社會，每個消費者在自家、學校、職場、搭車時、店家內等各式各樣的場所與時間，都會藉由各種交流管道（communication channel）接觸到由無數企業提供的各種內容。就像前面說的一樣，這些由企業提供的內容，與各個消費者的接點，稱做接觸點。

　　消費者在購買意願決定過程的各個階段、接觸點，接觸到由企業提供的各種內容時，獲得的體驗累積起來，就是現在說的顧客體驗。而每個消費者在購買意願決定過程的各個階段接觸點，合稱為客戶旅程。也就是說，所謂的客戶旅程，就是描述「目標顧客會在什麼樣的時間，用什麼樣的交流方式與企業接觸，會產生什麼樣的態度變化」的框架。

　　圖2-2就是一般化的客戶旅程例子。橫軸是消費者的購買意願決定過程，與圖2-1一樣，由認知、觀望、行動、推薦等四個階段組成。隨著產品、服務的不同，或者是行銷活動的目的與限制，客戶旅程的階段可能會有不同的設定，圖2-2列出的是一般化的版本。縱軸也和圖2-1一樣，將使用者依照使用產品的經驗，劃分成不同客群。如同我們前面提到的，矩陣中的各個方格就是接觸點。企業需透過適當的媒體，設計適當的交流管道，和不同階段的各個客群接觸。用這種方式描繪出來的顧客體驗整體樣貌，就稱做客戶旅程。

　　這裡不會詳述圖2-2的所有接觸點，僅舉幾個接觸點為例。譬如(a)-①是不曉得該產品存在的客群在認知階段的接觸點。他們可能

【圖 2-2　客戶旅程與接觸點】

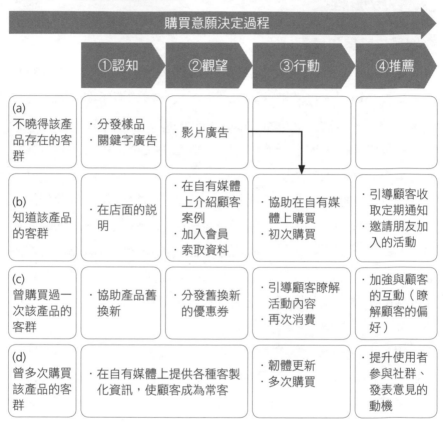

是因為拿到試用品，或者是在搜尋關鍵字時，因為關鍵字廣告（參考第11章）而在前面幾個搜尋結果中看到這些產品。

　　對於已經知道該產品，且處於觀望階段的客群(b)-②來說，已購買產品之顧客的評論，以及企業在自有媒體（參考第11章）上宣傳的事項（顧客案例），能有效影響他們的決定。對於多次購買該產品，且已處於行動階段的客群(c)-③來說，如果讓他們從網路上

下載驅動產品的修正版程式——韌體，藉此改善產品功能，便能夠
提高顧客滿意度，是相當有效的方法。

第2章

◇消費者的購買意願決定模型與客戶旅程

在消費者的購買意願決定模型中，過去由約翰・A・霍華德
（John A. Howard）與傑狄士・謝斯（Jagdish Sheth）提出的模型最
具影響力。這個模型的根基在於，它意識到了消費者在購買意願決
定過程的各個階段中，會受到廣告什麼樣的影響。

以往我們理解購買意願決定過程的框架是AIDA模型或AIDMA
模型（由Attention、Interest、Desire、Memorize、Action等五個階
段組成的模型），而在目前這個網際網路普及的年代，AISAS模型
（Attention、Interest、Search、Action、Share）等各種新的過程模
型陸續被提出，取代了舊有模型。這些模型亦可像圖2-1、圖2-2的
客戶旅程橫軸般，從各種不同的角度捕捉消費者在數位社會下的購
買意願決定過程（包括購買後的行為）。如前所述，在設定客戶旅
程的橫軸——購買意願決定過程——時，可依照不同情況與分析方
式進行不同的設定。

今日的數位社會中有各式各樣的交流管道，使得客戶旅程中各
接觸點的顧客體驗管理變得相當複雜。

4. 數位素養

◇什麼是數位素養

數位素養（digital literacy）的概念與資訊裝置、網際網路的使用有關。簡單來說就是透過PC、行動裝置上網使用各種服務、獲取資訊的能力。網路上有許多可信度低、偏頗的資訊。所謂獲取資訊的能力，也包括從網路上繁雜的資訊中，選出必要且可信之資訊的能力。此外，將獲得的資訊分享給網路上其他人的能力，也包含在數位素養內。

這些能力大致上可以分成①網路交流能力（除了已有連結外，還能和網路上不認識的人們建立起連結的交流能力）、②網路使用能力（操作日漸複雜的資訊裝置的能力）、③網路消息剖析能力（在混有多種資訊的網際網路上，理解並批判式地評論資訊的能力）。

而且，上述能力仍停留於資訊裝置的操作，屬於第一階段的數位素養。第二階段的數位素養還包含了④程式設計能力，也就是用電腦或應用程式實現自己想做的事的能力（圖2-3）。在現在這個全球化的社會，有許多不同的文化與價值觀。做為共通語言的一種，程式語言在培養數位素養的過程中也有一定的重要性。

今天的消費者在職場上有超過90%的活動會用到某種形式的數位素養，日常生活中也有許多情況需要數位素養。然而多數消費者並沒有充分瞭解自己正在使用的軟體與數位工具。比方說，正在使用社群媒體的消費者，大多沒有正確理解該項服務的功能與限制。

專欄 2-1

90-9-1原則

專欄 2-1 提到了興趣圖譜。一般而言，在因興趣圖譜而彼此連結的社群內，會拋出與該興趣相關的話題、交換資訊、實際貼出有內容的文章的人，只佔了所有參加者的 1%。參加者的 9% 會就這些貼出來的內容發言討論，卻不會自己丟出新的內容。剩下的 90% 則只會在一旁觀看。這 90% 的人們在這個資訊交換處會一直保持沉默，不留下任何蹤跡，人們稱之為「潛水者」。

在網際網路剛開始普及的時候，這個 90-9-1 原則就已是眾人皆知的經驗法則了。從一些以前的案例探討與小規模調查研究，皆可驗證這個原則。近年來，美國針對四個線上社群進行大規模的驗證，這四個社群中共有 27 萬 6,000 名關心健康、醫療議題的成員。結果顯示，這些成員的行為大致符合 90-9-1 原則。由此可見，因興趣圖譜而彼此連結組成的社群，一般都符合這個原則。

另外，也有許多研究以線上社群成員中，佔了 90% 的潛水者為研究對象。過去，人們認為這種潛水者只獲得資訊而不提供資訊，故傾向用負面的論調描述他們。不過近年來的研究卻開始用正面的論調描述他們，譬如對大部份的社群參加者來說，靠著興趣圖譜彼此連結的線上社群已不單是交流的地方，更是回答疑問、質詢，以獲得必要資訊的地方。而潛水者之所以潛水，並不是因為他們的性格或行動特性使然，而是在剛加入社群的暫時狀態，他們需要在這段期間內學習社群的規則、查看過去的社群內容等等。

第 2 章

【 圖 2-3　數位素養 】

第二階段

程式設計能力

第一階段

網路交流能力　　　網路使用能力　　　網路消息剖析能力

這類數位素養的不足，也是許多消費者的個人資訊外流到社群媒體上的重要原因。

◇Tabelog的數位素養

數位素養高的人，不只會使用自家、職場、學校的電腦，也會邊走邊用手機、平板等行動裝置，無論何時何地，需要時就能搜尋到自己想要的資訊。同樣的，要使用Tabelog也需要一定的網路使用能力。

另外，就算沒有要與特定對象直接交流，光是在Tabelog寫下評論等資訊，就需要一定的網路交流能力。

再來，若擁有一定的網路消息剖析能力，就不會隨著假消息起舞。譬如有些人會故意在網路上散發「Tabelog上的餐廳會把負面評

論全部消除」的假消息。不全盤接受這些資訊，而是能夠批判性地分析這些消息，是很重要的能力。

　　Tabelog上有許多對餐廳的評論。通常對特定餐廳來說，有正面評論，也有負面評論。有時候，使用者相信了某個正面評論而前往用餐，卻覺得不像自己想像中的那麼美味而感到失望。為了解決這個問題，Tabelog推出了「讓味覺相近的人幫你找餐廳」的功能。像這樣用評論的功能找出滿意的餐廳，也可以說是網路使用能力的一種。

◇數位社會與數位素養

　　2016年美國總統選舉時，網路上就有人刻意散布各種假新聞。刻意散布與事實不符的資訊，這種行為在古希臘語中稱做dēmagōgos（煽動），在古羅馬時代就已出現類似行為。進入數位社會後，假新聞的散播更加容易，規模更大。不被這些刻意散布的假資訊迷惑，擷取出可信資訊，並以此做出正確決策，便成了相當重要的能力，屬於網路消息剖析能力的一部份，也是數位素養的一種。

　　而且現在除了這種刻意散布的假資訊之外，各種搜尋引擎或社群媒體會為了提高便利性，演算法會記錄各使用者過去的搜尋關鍵字與發言，試圖掌握使用者的偏好與傾向，然後將最佳化後的資訊優先呈現在使用者面前。當這些服務的功能滲透至我們的日常生活時，在網路使用者就會在不知不覺中，只看到自己喜歡、自己想看的資訊，也就是所謂的同溫層（filter bubble）現象。適當迴避掉這

種獲取資訊時的偏差，也是網路消息剖析能力的一部份。

在網際網路與能上網的行動裝置普及後出生，理所當然地使用這些工具的世代，被稱做數位原住民（digital native）。相對的，因為經濟情況、城鄉差距、年齡而幾乎沒有數位機器的使用經驗，缺乏網路使用能力等基本數位素養的人們，則被稱做數位落差族群（digital divide）。活在數位社會中的我們，應超越年齡與環境的限制，培養廣泛的數位素養才行。

5. 結語

　　本章以Tabelog為例，說明了客戶旅程的概念。我們提到，數位
社會中的消費者會在什麼樣的時機，參考哪些資訊，然後選擇、使
用產品或服務，再將使用經驗與他人分享。消費者在購買意願決定
過程的各個階段中，與企業提供的各種內容（廣告或置入性行銷）
接觸時的情況，稱做接觸點。我們提到，目前消費者經歷的接觸
點，大都以網路數位內容的形式呈現。

　　另外我們還學到，各階段的消費者如何接觸媒體，如何使用資
訊，會隨著消費者數位素養的不同而有所差異。隨著個別消費者的
狀況、年紀、對於產品或服務的關心程度、使用經驗等條件的不
同，購買產品前在各個過程中的接觸點所獲得、使用的資訊也各有
差異。要理解數位社會中的消費者行動，這是很重要的一點。

第 2 章

❓ 深入思考

①試思考客戶旅程一般包含哪些階段。

②試以自己的社交圖譜與興趣圖譜為例,思考不同社群中,你與其他人的交流方式有何差異。

③試思考線上英語課程的消費者在客戶旅程的各個階段中,具體來說有哪些接觸點。

進階閱讀

☆若想深入研究線上評論與現實中評論的性質差異、影響力差異,請閱讀

Ed Keller、Brad Fay《The Face-to-Face Book: Why Real Relationships Rule in a Digital Marketplace》Free Pr,2016年。

☆若想深入研究數位素養以及各國數位素養的差異,請閱讀

西川英彦、岸谷和広、水越康介、金雲鎬、《ネット・リテラシー ソーシャルメディア利用の規定因》白桃書房、2013年。

第 3 章

數位社會的商業模式：Mercari

第 1 章
第 2 章
第 3 章
第 4 章
第 5 章
第 6 章
第 7 章
第 8 章
第 9 章
第 10 章
第 11 章
第 12 章
第 13 章
第 14 章
第 15 章

1. 前言

　　「覺得高中時購買的服裝看起來又舊又孩子氣，只好丟棄」想必很多人都有過這樣的經驗。在二手市場app登場後，任何人都可以用app賣出原本想要丟棄的衣服。在二手市場app上賣出商品的流程如下。首先，賣家要用手機拍下衣服的照片，輸入文字，簡單說明品牌名稱、購買時間、購買地點，然後決定販賣價格。過一陣子之後，就會有好幾個使用者會按這件衣服「讚」，或者留言。若有哪個買家喜歡這個商品、滿意這個價格，就會買下這件衣服。

　　在這個例子中，買賣雙方在平台上接觸，達成一筆交易。然而平台能做的事不僅於此，像是想住宿的人與想提供住宿的人、想學習語言或料理與想教人語言或料理的人等等，社會上有許多「配對」的需求。過去我們本來就會將不再穿的衣服轉讓給朋友、讓朋友住在自家房間、教朋友做菜，這並不是什麼罕見的行為。然而，提供不認識的人這些服務，並收取費用，是進入數位社會後才有的新現象。也就是說，距離、時間，以及社會上的限制在數位社會中已不再是問題，人們可以和距離遙遠、不曾見過面的人交易。平台就是實現這種配對工作的工具。

2. Mercari

◇Mercari簡介

　　「Mercari」是Mercari公司在2013年7月開始營運的線上二手市場服務。任何人都可以用智慧型手機或電腦輕鬆買賣二手商品。Mercari上有時裝、雜貨、家電、書籍、漫畫等領域廣泛的商品。

　　Mercari的目標是「創造能產生新價值的世界性市場（marketplace）」。Mercari認為，明明一個東西對某人來說有價值，卻被另一個人丟棄，是資源的浪費。為了不讓消費者輕易丟棄物品，Mercari公司在日本與美國推出了二手市場app「Mercari」，

【照片 3-1　Mercari app 的畫面】

照片：Mercari提供

使每個人都能簡便、安全地彼此買賣東西。

Mercari上的商品為二手品或未使用過的二手新品。這些商品的價格比一般的新品還要低，所以買家可以享受到便宜的價格。除了價格上的魅力之外，Mercari網站還有許多非當季商品、狀態良好的名牌精品，所以可以讓買家有種在挖寶的感覺。對於賣家來說，賣出不需要的衣服、小物品可以當作零用錢，也可以轉換成點數，再用這些點數購買Mercari上的其他商品。

Mercari開始營運時，只推出手機版本的服務，後來推出瀏覽器（Internet Explorer、Google Chrome）也可使用的版本。2014年5月開始投放電視廣告，進一步增加使用者。

◇Mercari的運作機制

Mercari的手機app與介面相當簡單，只有顯示商品價格與圖像（照片3-1左）。右下的「賣出鈕」有個相機的icon，只要按下這個鈕，就可以拍攝商品照片。照片3-1的中央為商品的詳細畫面，從這個畫面可以看到商品的價格與「讚！」、評論的狀況、販售狀況等。照片左上寫著「SOLD」，表示這個商品正在販售中。使用者可將已賣掉的商品從搜尋結果中剔除，只保留目前正在販售中的商品。

閱覽Mercari時不需登入，不過若想販賣或購買物品，就需要註冊成為使用者。註冊時需要輸入暱稱、電子郵件信箱、密碼、電話號碼、住址、支付方式等資料。賣出物品不需費用，只要拍下想賣出的商品照片，附上商品說明、配送方式、賣出價格等必須資訊，

就可以馬上上架。就Mercari官方的說法，上架一件商品的時間只要3分鐘。

　　Mercari上的買家可以評價賣家。賣家的評價可以分為良好、普通、不好等三個階段。照片3-1右方為各使用者的個人資料畫面。由這個畫面可以看出，該使用者已獲得84個評價。Mercari的交易中，有98%的買家會給賣家「良好」的評價。然而Mercari上也存在某些使用者會惡意給予劣評，造成困擾。

　　交易成立後，如果是用信用卡付費，買家就不需支付手續費，如果是使用便利商店、ATM、手機電信公司支付的話，除了購買金額之外還要支付一筆手續費。交易成立後，賣家就會將貨物寄給買家。Mercari會先在平台上向買家收取商品費用，商品費用扣除手續費後，再將剩餘金額交給賣家。手續費為買家支付金額的10%。這10%手續費就是Mercari的獲利。交易流程如圖3-1。扮演平台角色的Mercari以橢圓表示，平台的參與者（之後提到的用戶族群）——即買家與賣家以長方形表示，參與平台的行動以虛線表示，物品與金錢的流動則用實線箭頭表示。

【圖 3-1　Mercari 的交易流程】

Mercari為了讓用戶能安心、安全的交易，推出了各式各樣的服務。譬如說，為了方便賣家寄送商品，與大和運輸合作推出「Rakuraku Mercari便」，與日本郵便合作推出「Yuyu Mercari便」等匿名配送服務。使用匿名配送服務時，賣家在寄件單上可不填寫寄件人資料。既然不用填寫寄件人資料，就不需擔心買賣雙方知道彼此的名字或地址。這項服務可以讓那些擔心自己的個人資訊外流的用戶放心參與交易。另外，無論寄送到日本的哪個地點，這種匿名配送服務的運費都固定，所以運費會設定得比平常還要便宜一些。

除了與配送相關的服務之外，Mercari也陸續推出各種新型態的服務。譬如讓用戶可以用直播影片方式販賣商品的「Mercari channel」，可以將不需要的物品馬上變現的即時收購服務「Mercari NOW」等，使app內的新功能越來越豐富，滿足用戶的多種需求。

◇Mercari的成長

日漸進化的Mercari，在日本開始營運的5年後，已被下載了7,100萬次，在美國則被下載了3,750萬次，全世界下載次數總計突破1億800萬次（2018年3月）。從營運開始的5年內，累計交易次數達2億8,000萬次，平均1小時進行了6,400次交易。Mercari上的買賣金額已超過了每個月300億日圓。

是那些原因讓用戶數與交易數變得那麼多的呢？二手市場app的賣家越多，上架的貨物也越多，這個賣場的魅力也隨之增加，吸引更多買家瀏覽。從賣家的角度來看，買家越多，自己的商品就越

專欄 3-1

先行者優勢、後進者優勢

　　先行者優勢是平台獨贏的原因之一。一般來說，比其他公司早一步進入市場，可以早點掌握原料、地理位置、人才、銷售管道。另外，先行者品牌也會成為該產品類別的代名詞。而且，隨著經驗的累積，先行者可以享受到經驗效果與成本優勢，也比較能夠決定產品規格。先行者企業較能在早期取得基本用戶。如果是平台服務，早期的基本用戶可以在網路效應（第 4 節）下進一步增幅，使先行者企業進一步成長。

　　另一方面，後進者企業亦享有後進者優勢。後進者只要模仿、改良先行者的技術，就可以做出類似的產品，研發成本相對較低。而且先行者企業通常已發起過各種活動，幫助消費者理解新技術、推廣新產品，並讓更多求職者願意加入這個行業。後進者企業搭上先行者企業的便車即可，不需親自推廣商品，而能夠專注於販賣自家產品、有效率地投入資源在展開廣告、推廣活動上。這些就是後進者企業的優勢。

　　另外，先行者企業也不是每次都能夠獨贏。即使是最早進入市場的業者，要是沒有設定好轉換成本（switching cost）或多歸屬成本（multi-homing cost）（專欄 3-2），無法防止用戶流失到其他平台上的話，就很難維持獨贏狀態。

　　再者，要是技術或裝置出現巨大變化，就可能會破壞既有業界的競爭框架，使競爭能力反轉。主要上網工具從 PC 轉移到行動裝置時，許多原先的勝利者也跟著走下神壇，並產生了新的市場領導者。

第 3 章

有可能賣得出去，所以會吸引更多賣家加入。所以說，平台服務只要有一定市佔率，就很容易演變成獨贏（WTA：Winner Takes All）的狀態。

2018年6月，Mercari在東證Mothers（東京證交所的創業板，以新創公司為主）上市。上市第一天就成為東證Mothers市值最高的公司，可見投資人都對Mercari寄與厚望。

3. 平台

◇什麼是平台

　　網路上各種財貨的交易正逐漸增加，其中成長最快的就是平台商務。「平台」這個用語在產品開發理論的領域中，是開發產品時的「基台」；在IT業界中，則是讓電腦程式順利運作的OS（作業系統）；在近年來的商業策略理論與行銷理論中，通常指的是將不同使用者、族群連結在一起的媒介。

　　本章中提到的平台，在專業術語中稱做多邊平台（multi-sided platform）。多邊平台指的是「連結許多相異的使用者、族群，使他們直接交流，進而產生價值的產品、服務、技術」。譬如本章開頭提到的，網路買賣的仲介平台可以連結買家與賣家，以買賣交易的形式直接交流。所謂的「交流」除了買賣以外，還包括遊戲對戰、借貸、教導與學習等多種形式。Multi-sided的side，指的是使用者或族群，加上multi則代表將多個使用者或族群連結在一起。如果只有兩個side，就稱做雙邊平台（two-sided platform）。藉由平台連結在一起的side之間，有多種互動形式，包括企業與消費者間的互動（B2C：Business to Consumer）、企業間的互動（B2B：Business to Business）、消費者間的互動（C2C：Consumer to Consumer）。譬如樂天市場就是B2C、Mercari或Airbnb就是C2C的配對交易服務。之後會提到的Facebook則同時存在著B2C、C2C、B2B等互動。

　　圖3-1中，side只有賣家和買家兩者，故屬於雙邊平台。而以Facebook為例的平台概念圖（圖3-2），則呈現出了多邊平台的樣

【圖 3-2　多邊平台的概念圖（以 Facebook 為例）】

子。這張圖中，用長方形表示的一般使用者、在Facebook上刊登廣告的企業（廣告業主）、提供Facebook遊戲的企業（以第三方的形式參與的第三方開發者）等三個使用者或族群藉由Facebook這個平台連接了起來。

◇平台的特徵

多邊平台既是基台，也有著市場媒介者的一面。試思考這兩種特性。電腦的OS或遊戲機（遊戲裝置）等「平台」，可以做為許多產品的基台，帶給顧客價值。圖3-2中，Facebook可做為第三方開發者提供遊戲的基台，也可做為廣告業主刊載廣告的基台。

從市場媒介者的角度來看又是如何呢？市場媒介者可削減買家與賣家等兩種以上的side的交易成本，並藉此獲得收益。這裡說的交易成本包括尋找交易對象、交涉交易條件、驗證交易結果等過程的成本。譬如超市就是一個市場媒介者的實例。做為市場媒介者的超市會向廠商進貨，存放在倉庫，然後販賣給消費者，可完全控制商品及提供商品的過程，是市場媒介者的特徵。

　　所以，多邊平台既是基台，也是市場媒介者。以樂天市場為例，這個平台是各加盟店販賣商品的基台，也是媒合各加盟店與消費者，使他們能順利交易的媒介者。與超市這種純粹的市場媒介者的差別在於，多邊平台並不需要進貨、倉儲、寄送商品，不會完全控制商品的流動。

　　第 1 章中介紹的Ａｍａｚｏｎ讓第三方賣家可以在市場（marketplace）上販賣商品，與樂天市場是類似的平台。不過Amazon自己也有進貨、庫存，所以也有著如同超市般純市場媒介者的一面。

　　與一般的商業活動不同，多邊平台本身並不生產／販售產品及服務。以本章提到的Mercari為例，Mercari並沒有買進、庫存這些商品。網站上的商品都在各用戶自家內。而且，交易成立後，摺衣服、包裝、寄送的人也不是Mercari，而是賣家。這種將生產、販賣、寄送等一連串過程都交給平台參與者承擔的方式，可以說是平台型商務的特徵。

　　平台可藉由買家與賣家、借方與貸方等參加者的媒合工作削減交易成本、創造價值。在二手物的C2C交易中，買家通常很難找到自己想要的商品，賣家通常也很難找到適當的買家。Mercari就藉由媒合兩者，達到削減交易成本的結果。

第3章

4. 網路效應

◇同一側的網路效應與不同側的網路效應

平台上有很強的網路效應。網路效應可以分成同一側的網路效應與不同側的網路效應。同一側的網路效應指的是，同一側的用戶增加時，可以讓既有用戶獲益的效應。雖然這種效應聽起來很不錯，但當使用者減少時，也會產生相應的負面效應，造成既有用戶損失。以Facebook為例，當用戶周圍的朋友、熟人加入時，樂趣與方便程度也會越來越高。不過當自己的朋友、熟人陸續離開Facebook後，就沒辦法在平台上交流，方便性大幅下降。在這種效應的影響下，原本就擁有許多用戶的平台，用戶量會持續增加；相反的原本就沒什麼用戶的平台，也會越來越難獲得新的用戶。

不同側的網路效應指的則是，某一側的用戶增加，可以讓另一側的既有用戶獲益的效應。反過來說，當某一側的用戶減少時，會造成另一側的既有用戶損失。以Mercari為例，賣家增加時，商店品項會更為豐富，可讓買家獲益。而當買家數量增加時，賣家更有可能賣出商品，故可讓賣家獲益。就結果來說，某一側的用戶增加，可以讓另一側的用戶也跟著增加。

在Mercari的例子中，不同側的網路效應會大幅影響業績的成長，不過這樣的商業模式中也存在著同一側的網路效應。在Mercari賣出商品，或者在Mercari購買商品的驚奇與經驗，會透過評論散布出去，吸引更多賣家與買家加入。再來，販賣與購買成功的經驗，可以提高賣家或買家在平台的能見度，提升其他潛在客群投入買賣的動機，也能提升賣家上架商品的技能。

【圖 3-3　同一側的網路效應與不同側的網路效應】

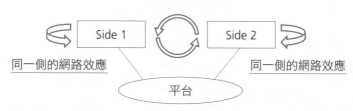

與網路效應類似的概念還包括規模經濟與範圍經濟。規模經濟指的是，隨著生產量的增加，平均成本會跟著降低；範圍經濟指的是，同時進行多種事業，可降低平均成本。這兩種行為都是供給側的企業可以享受到的優點。另一方面，網路效應則可說是需求側的規模經濟。

◇網路效應如何讓企業成功

如同我們前面提到的，在正面的網路效應下，用戶較多的平台，用戶數更容易增加。然而在負面的網路效應下，用戶較少的平台，更難獲得新用戶，陷入惡性循環。擁有較大用戶基礎的企業，可以在網路效應下享受正向的正回饋效果，從零開始建立起平台的企業，或者一直得不到市佔率的企業，則被迫面臨這種負向的惡性循環。要擺脫這種早期狀態，就必須藉由廣告、免費試用活動等，在早期一口氣獲得足夠的用戶基礎。在Mercari的例子中，他們也善用電視廣告擴大用戶族群。

增加side（側）的數目，也有機會產生不同側的網路效果。以Facebook為例，原本只有用戶與廣告業主兩個side，在開發

Facebook遊戲的第三方開發者加入後，又可以獲得更多用戶，吸引更多廣告業主加入。

不過，在side增加後，站在平台營運企業的立場來看，需要控制的對象與相關者的種類增加，故也需要更為複雜的管理。另外，多個side之間的利害衝突也會變得更為複雜。參與平台的每個用戶與企業，都抱持著不同的意圖。

以廣告為例。廣告業主希望盡可能讓更多用戶按到廣告，用戶則希望盡可能不要看到廣告，而能與其他用戶交流。兩個side的利益彼此衝突，所以在side數增加時，調整彼此間的利害衝突也會變得更加困難。也就是說，side數與side產生的網路效應為正相關，和side之間的利益衝突程度也有正相關。

不過，伴隨著用戶的增加，麻煩與不確定性也可能會跟著增加。以C2C的二手市場app為例，在平台上買賣交易的人並不是企業，而是一般個人。提供服務的人是業餘者，並不是靠提供服務維持生計。在上架、包裝、寄送的過程中，這種賣家的服務品質必定會比企業的服務品質還要低。如前所述，平台是基台也是媒介業者，並不會直接管理在平台上交易的商品或服務的品質。因此，必須整備好平台上的交易機制，降低用戶的不安。要是讓用戶覺得無法安心、安全地在平台上購物，就會離開這個平台。許多用戶的離開，可能會讓平台因為網路效應而陷入「負面的惡性循環」。

專欄 3-2

轉換成本、多歸屬成本

所謂的轉換成本，指的是顧客從目前所使用的產品、服務轉換成另一家公司的產品、服務時必須負擔的成本。多歸屬指的是用戶同時使用多個平台，而多歸屬成本指的是這種行為所產生的成本。轉換成本與多歸屬成本皆屬於「金錢成本」以外的「心理成本」與「手續成本」。

同時與 NTT docomo、au、SoftBank 等多家通訊商簽約的用戶非常少，因為和單一通訊商簽約就可以了，和多家通訊商簽約只會增加多歸屬成本。另外，各家手機通訊商對簽下長期契約的用戶，或是全家一起申請的用戶也會提供優惠價格，藉此抬高轉換成本。對於用戶來說，簽下越長的契約，就越難轉換到其他通訊商。另外，在享用家庭優惠的情況下，如果要更換通訊商，必須讓所有家庭成員一起更換才行，相當麻煩。在攜碼轉換制度實施以前，電話號碼與郵件信箱是轉換通訊商時的障礙，不過在攜碼轉換制度實施以後，這個障礙就消失了。

數位社會中，平台的轉換成本除了上述成本之外，還包括累積的點數、哩程、長期契約優惠、在平台評論系統上獲得的評判、累積的資料與轉移這些資料的手續、靠著會員制度獲得的地位、過去累積的社交網路等等。

當一個在某平台上獲得高評價的用戶，轉移到其他平台上時，會失去在原先平台建立起來的地位，必須從零開始重新獲得評價與點數。同樣的，SNS 的品牌轉換，也代表用戶必須重新建構朋友、追蹤者、粉絲等人際關係。

第 3 章

5. 結語

　　Amazon、Mercari、Facebook、Uber等許多在數位社會活躍的企業，都屬於平台商務。平台商務可以用很低的成本展開事業，只要在營運初期獲得許多用戶，發揮網路效應，就可以在短時間內迅速成長。而且，數位技術的進步，也加速了「為不同side配對」之平台的發展。平台在數位社會中，已成為相當重要的商業模式。

　　本章透過Mercari的例子學習平台的概念，並透過平台的特徵學習到一個重要的概念——網路效應。網路效應可分為同一側對象的網路效應，與不同側對象的網路效應，還可分為正向與負向兩種方向。而且，網路效應會大幅影響企業間的競爭。這些概念都是理解數位社會中的商務模式時，相當重要的基礎知識。

❓深入思考

①試思考傳訊app的同側網路效應與不同側網路效應。

②試舉出Mercari以外的線上平台，思考他們會什麼會成功。

③試思考，在哪些情況下，即使有同側／不同側的網路效應，用戶
　仍會被對手搶走。

第3章

進階閱讀

☆若想深入研究平台的理論，請閱讀

　根来龍之《プラットフォームの教科書：超速成長ネットワーク
　効果の基本と応用》日経BP社、2017年。

☆若想深入研究平台的理論與案例，請閱讀

　出井伸之監修《進化するプラットフォーム：グーグル・アップ
　ル アマゾンを超えて》KADOKAWA／角川学芸出版、2015年。

第4章

數位行銷的基本概念：無印良品

第1章
第2章
第3章
第4章
第5章
第6章
第7章
第8章
第9章
第10章
第11章
第12章
第13章
第14章
第15章

1. 前言

　　如果Facebook之類的社群媒體上，有個陌生人突然申請和你成為朋友，你會如何應對呢？一般人應該會先查看那個人的個人資料和曾經貼出來的文章，再決定要「同意」、「無視」，還是要「拒絕」吧。如果不是突然丟過來的申請，而是實際上有講過一些話，申請成為朋友時也有丟出一些訊息說明為什麼要加朋友的話，一般人可能就會覺得，同意成為朋友也無妨。不過也有人剛好相反，正因為講過幾句話，所以不想和對方成為社群媒體上的朋友。

　　那麼，哪些朋友會讓你覺得想要和他「合作」呢？想必只有你認為值得信賴，也受他人信賴的人，你才會想和他合作。

　　事實上，這種「同意」或「信賴」的感覺，與數位行銷的基礎密切相關。數位社會中，企業與顧客之間應該也要有朋友般的合作關係。換句話說，企業應該要思考，什麼樣的企業才會讓人想和他交朋友，一起合作完成某些事。這就是數位行銷的基本概念。

　　本章將以無印良品為例，說明數位行銷的基本概念、企業與顧客社群間的合作，以及數位社會下的行銷組合。

2. 無印良品

◇家庭主婦的意見

　　無印良品誕生的契機，要追溯到1975年時針對一種「蘑菇」罐頭產品的味覺測試。參與者包括西友商品科學研究所的開發負責人、製造商，以及10名家庭主婦。商品開發負責人提到「整顆蘑菇的罐頭與切片蘑菇的罐頭的販售價格相同」的時候，一位家庭主婦怒氣沖沖地問道「為什麼看起來像垃圾的切片蘑菇罐頭價格會和看起來漂漂亮亮的整顆蘑菇罐頭一樣呢？」。開發負責人回應「切除蘑菇蕈傘邊緣的手續得費點工夫，所以切片蘑菇罐頭成本比整顆蘑菇罐頭還要高，但為了調整獲益結構，所以設定兩者的定價相同」。明明品質沒有改變，只是為了看起來漂亮，所以製造切片磨菇罐頭時，需多一道切除磨菇蕈傘邊緣的手續。

　　後來，開發負責人到工廠訪問視察時，看到鮭魚的頭和尾巴被切掉捨棄，只保留中間外型完整的部份。香菇也需經過許多工作人員的揀選，淘汰掉外表裂開的香菇，即使料理時還是會把它們切開。麵條也一樣，烘乾成棒狀時，要是彎成U字形就必需淘汰。他認為，如果能重新省視過於嚴格的JAS標準，降低食材的淘汰比例，或許可以生產出味道不變，卻更便宜的產品。雖然這個想法沒辦法馬上用在生產線上，不過他把這個想法告訴了Saison集團代表的西友社長堤清二，催生出了之後的無印良品。換言之，無印良品正是由顧客的聲音催生出來的品牌。

　　到了1980年12月，在「因為某些理由，所以便宜」的口號下，西友推出了9種家用品、31種食品，共40種產品。這些產品都是以

「材料選擇」、「降低瑕疵標準」、「包裝簡化」為出發點，開發出來的獨特商品，與過去單純追求廉價的自有品牌商品不同。除了在西友的店面販賣之外，也在全家便利商店、西武百貨店販賣。這些商品一開始僅放在各店家的食品、日用雜貨專區，後來卻創造出遠超過目標的業績。於是無印良品的專賣店於1983年誕生，1989年從西友獨立出來，成為良品計畫，在顧問團中許多創作者的幫助下，增加了許多商品類別並擴大店面。

◇與顧客共創

1999年時，無印良品將顧客意見回饋的處理工作統合成單一的「客服室」，使這些意見能有效地活用在產品、服務的開發、改善上，且無印良品也將這樣的訴求明示於店內海報上。第一代的海報上寫著「心聲的傳接球」，代表著企業的態度。第二代海報上寫著「想對無印良品說的話」，並說明顧客可以透過電話、商品目錄附件中的「顧客聲音」明信片、電子郵件、便條留言等四種方式傳遞訊息給公司。第三代海報上寫著「這樣的三角關係」，說明無印良品的產品開發過程。不只是海報，無印良品也會透過店內的手寫廣告、價目卡、目錄、宣傳單等，展現出聽取「顧客聲音」後，開發或改善的產品與服務。

2000年時，無印良品在「有網路的話，就可以不受時間、空間的限制展開商務活動」的構想下，與各式各樣的企業合作，設立子公司「MUJI.net」，透過網路販賣各種日常用品、提供服務。無印良品建置了網路首頁，開始經營「無印良品網路社群」，藉由MUJI.net與顧客的共創，展開汽車、集合住宅、旅遊行程的買賣業

務，也開始經營「無印良品網路商店」，線上販售良品計畫的產品。

　　在與顧客的共創之下，無印良品於2001年與日產汽車合作，開始販賣以日產「March」為基礎修改後的「MUJI Car 1000」。在聽取了顧客的意見後，無印良品改進了五人座汽車的後方座位，當後方座位放平時，可以空出放置大型貨物的空間。另外，以開發無印良品的商品為目標的「新創家具、家電」活動也在此時展開。先向顧客募集構想，然後讓所有顧客就這些構想投票，接著無印良品會基於人氣最高的構想，提出多個設計方案，再讓顧客就這些設計投票。然後無印良品會嘗試製造基於這種高人氣設計製造出來的試作品，並接受顧客的事前預約。當預約量超過量產的最小單位時，就會開始準備商品化。熱門產品包括一開始的「手提燈」、「懶骨頭沙發」、「壁掛層板」等。在這之後，雖然沒了事前預約的功能，「顧客聲音計劃」仍繼續擴展。與顧客共創催生出來的商品，銷售額是同類別既有商品的3.6倍。無印良品與顧客共創的同時，也強化了自身的產品開發能力，增加了商品項目。

◇網路與現實的互補

　　在這段過程中，無印良品的網路商店仍持續成長，並在2009年改版更新。一週內有100萬人次的訪客，達到店面來客數的7分之1。無印良品也推出了「WEB目錄」，將無法在賣場呈現的詳細資訊公開在顧客眼前，吸引網路上的民眾到實體店面消費。

　　2010年時，無印良品在紐約舉辦30週年紀念活動，在iPhone、iPad上推出「MUJI CALENDAR」、「MUJI NOTEBOOK」、「MUJI to Go」等app，廣受好評。另外，無印良品也迅速在社群媒體上展開活動。於2009年成立Twitter的官方帳號，隔年開始經營Facebook官方網頁。2014年時已擁有400萬粉絲，在顧客間與社會上獲得了很高的評價，強化了資訊發送的能力。

接著，無印良品在2013年推出智慧型手機專用的「MUJI passport」免費app。這款app可以提供顧客三種服務。首先是「購物導覽功能」，顧客可以即時搜尋距離自己最近的店面，馬上買到自己想要的商品。第二是可以使用「無印良品週」優惠券。第三是提供「MUJI里程服務」。當顧客在店面打卡、在商品頁面上按下「想擁有」／「已擁有」的按鈕、在實體門市或網路app上購買、在商品頁面上評論、提出idea時，就可以獲得MUJI里程。MUJI里程累積到一定量後，可以獲得購物點數用於購物。與只有購物時才能獲得的一般店家點數不同，顧客可以在各種不同的情況下獲得里程，可見無印良品相當重視與顧客的接點。

像這樣透過各種管道給與顧客里程，就能夠分析各種顧客的屬性、購買頻率、位置資訊、打卡資訊、評論、提出的idea等記錄，有助於無印良品推廣新的商品、開設新店面時的選址。另外，在越來越少人開啟、閱覽郵件雜誌的現在，無印良品藉由app推送通知，向顧客推廣商品。實際上，app使用者的購買次數也比一般顧客還要多。

各實體門市皆會推薦顧客下載MUJI passport，以從「無印良品週」獲得優惠券。2015年時，下載次數達到320萬次。同年中國也開始了這項服務。之後更擴展到了台灣、韓國、香港。網路與實體門市的互補，同時增加了兩邊的粉絲，以及兩邊的銷售額。

3. 合作

◇從單一方向到合作

　　數位行銷並非讓企業建立對顧客的單方面關係，在各種情況下的「合作」也相當重要，故數位行銷有以下三個重點，這三個重點皆與前面提到的數位社會背景、消費者行動、商業模式有關。

　　第一，數位社會中，顧客社群內會積極討論、評價企業或品牌的優缺點，使顧客與企業之間的平衡產生變化。在進入數位社會以前，顧客只能單方面接受企業發送的廣告。為了維持品牌形象，有些企業會在廣告中誇大產品功能，用近似詐欺的方式吸引顧客購買，消費者卻難以判斷廣告的真偽。進入數位社會以後，消費者在資訊的觸及數與豐富度上皆有所提高，可以任意在社群媒體上評論企業與品牌，不會懼怕大企業的權力而能夠自由對話。另外，網路上的對話有一定的透明度，可以保護消費者不被企業虛偽的說明欺騙。

　　因此，顧客信賴的資訊也從企業發送的廣告、權威或專家的意見，轉變成網路上的意見或直接的對話。信賴的資訊一般源自F因子，即Friends（朋友）、Families（家人）、Facebook fans（Facebook粉絲）、Twitter followers（Twitter的追隨者）。顧客決定是否購買時，會受到自己所屬的顧客社群的影響。所以企業必須適當地與顧客社群合作。無印良品透過社群媒體發送訊息，讓顧客能暢所欲言，並在網站上公開顧客聲音，就是為了應對數位社會的變化。

　　第二，進入數位社會後，企業會在許多情況下與顧客合作，這也成了企業彼此競爭的目標。在進入數位社會以前，企業與顧客之間只有在廣告、販售等少數情況下有接觸點。進入數位社會以後，企業與顧客在客戶旅程的所有階段中，資訊的觸及數與豐富度都有所提高，產生了許多新的接觸點。走在產業先驅的企業會藉由與顧客合作推廣產品或開發新產品，提升自己的競爭力。無印良品會刊登顧客聲音，藉由與顧客的共創活動，開發出熱門商品，獲得豐碩的合作成果。這個從家庭主婦的意見中誕生的無印良品，可以說是企業與顧客合作下誕生的品牌。

　　在顧客服務方面，進入數位社會以前，工作人員需遵從嚴格的規範服務客戶。進入數位社會以後，與顧客的合作、互動成了關照老顧客的重要方式，顧客在網站上問問題時，會有其他顧客回答。

　　第三，進入數位社會後，消費者間交易的新商業模式帶來了新的市場。由消費者自行決定價格，再行販售或分享商品的商務模式持續成長，讓過去提供類似商品與服務的企業感到威脅。隨著市場的變化，企業會藉由與顧客的合作，提高自身的獲利。

◇從STP到顧客的「同意」

　　那麼，企業在數位社會中的行銷要做到什麼程度才好呢？在進入數位社會以前的傳統行銷中，行銷過程為「STP」，分別是三個步驟的首字母。首先，基於地理、動態人口分布、心理、行動模式，可將市場劃分為多個區塊，稱做「市場劃分」（Segmentation）。再來，可依照劃分後各區塊市場的魅力，以

及與品牌的相性，選擇適當的市場區塊，稱做「選定目標市場」
（Targeting）。這麼一來，就可以確定自家產品與競爭產品的定
位，也就是可以做到「市場定位」（Positioning），然後針對目標
市場的顧客，提出具差異化的提案。不過，市場劃分與選定目標市
場的過程中，企業與顧客就像獵人與獵物之間的關係一樣，企業在
沒有顧客同意的情況下單方面做出決定，透過廣告媒體向企業設定
的目標顧客發出訊息，卻可能造成顧客的困擾。

　　不過，如同我們之前提到的，在數位社會中，顧客已不會單方
面接受STP，已不是單純的目標市場。企業必須與顧客建立起對等
的關係，成為能夠合作的朋友或夥伴才行。企業已不再是將目標顧
客看成獵物、以誘餌捕捉顧客的獵人；而是要心想如何幫助顧客，
和顧客成為朋友，做出相應行動才行。如同我們在本章開頭提到
的，「同意」的決定權掌握在顧客手上。當然，如果對於顧客來說
STP的透明度高的話，仍可繼續使用這個制度。

【圖 4-1　行銷的基礎】

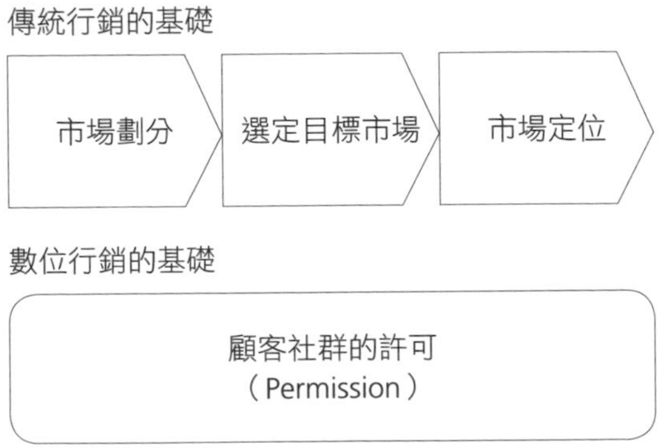

傳統行銷的基礎

市場劃分　選定目標市場　市場定位

數位行銷的基礎

顧客社群的許可
（Permission）

再來，就向我們前面提到的，顧客之間以社群媒體彼此聯繫。比起單一顧客，企業更應該以顧客社群為目標。與過去的目標市場不同，顧客的社群是顧客在自己的生活圈中，自然而然形成的團體。要是企業強行介入這種基於人際關係形成的網路，很有可能被拒絕。顧客的社群不需要垃圾訊息或煩人的廣告。企業必須明示自己的本質，誠實展現出自己真正的價值，才能成為受他人信賴地企業。若企業想要有效地參與顧客社群，就必須獲得顧客社群的許可（Permission）。企業要如何定位自己都沒有關係，但要注意的是，如果要獲得顧客社群的許可，就不能只是做好表面上的定位。

專欄 4-1

許可行銷

許可行銷（permission marketing）由賽斯·高汀（Seth Godin）提出，意思是避開氾濫的資訊，徵求潛在顧客的同意，以朋友的形式和他們對話的行銷方式。為顧客提供他們期待、關心、適合個別顧客的資訊。另一方面，電視廣告，招牌、布條等宣傳方式則被稱做干擾行銷，因為這些行銷方式沒辦法提供顧客期待、關心，適合個別顧客的資訊。

用聯誼來比喻兩者差異的話，進行干擾行銷的男方，會在專家的建議下，購買高價位的西裝、新的靴子、穿戴豪華的裝飾品、選擇理想的聯誼餐會。進入會場後，他會立刻接近離他最近的女性，馬上求婚。被拒絕之後，馬上走向下一名女性。他向每位女性都求了婚，卻每個都求婚失敗。他把敗因歸咎於西裝和鞋子，於是開除為他選擇服裝的服飾顧問，開除幫他選了這個聯誼會場的專家。然而，新的聯誼活動還是一直以失敗作收。干擾行銷正是大企業的行銷手法，與廣告公司簽契約、在媒體上打廣告，干擾許多人，並期待有數 % 看到廣告的人會因此購買產品。失敗的話，就把責任推卸到廣告公司上。

另一方面，進行許可行銷的男方則會從約會開始。要是第一次約會順利的話，則進行第二次、更多次的約會。等到互相理解，見過彼此的家人後，再求婚。這正是交往的標準流程。

要讓許可行銷成功，有五個步驟。第一，提供會讓顧客感興趣（願意給予許可）的動機。第二，利用顧客的興趣，花時間說明產品或服務。第三，強化顧客的動機，使顧客願意持續給予許可。第四，提供追加的動機，獲得更多許可。最後，用一定程度的時間活用顧客給予的許可，將顧客的行動變化轉換成獲利。

第**4**章

4. 行銷組合

◇4C的重要性

傳統行銷在決定STP後，接著要規劃、實行的通常是MM（marketing mix，行銷組合）。所謂的行銷組合，是分析目標顧客需要什麼（Product＝產品）、要用什麼方式提供（Price＝價格、Place＝通路、Promotion＝推廣）的工具。找出最適當的4P（四個構成要素的首字母），並取得一致性，是最重要的一點。

數位行銷中，行銷組合的計劃、實行相當重要。數位社會中，會將以企業為主體的企業核心策略視為「基本」；將著重於擴大與顧客合作的顧客核心策略視為「延伸」。以下讓我們簡單介紹兩者的概要。

首先要看的是基本策略。產品策略上，數位化是關鍵。數位社會中，書籍、音樂、電影的數位化，與可連上網路的產品「IoT」正在發展中。價格策略上，設定標準價格後，隨著時期與顧客群的不同，需進行動態定價。譬如飛機及旅館的價格會隨著需求的改變而跟著改變，MUJI里程服務等忠誠計劃也是動態定價的例子。通路策略上，不只在實體門市販賣商品，線上商店、活用雙方關係的全通路策略也相當重要。無印良品在網路上推出實體門市的庫存搜尋，如果在網路上訂購商品的話，運費免費，並可以在實體門市收件、支付款項，使企業全通路化。推廣策略上，不能只在主流媒體廣告，在網路上傳播資訊也相當重要。無印良品不只用心經營店面的陳列、手寫廣告、目錄，也會透過自家網站、郵件雜誌、社群媒體、手機app等多種媒體發送資訊。

　　接著要看的是延伸策略。目標是擴大與顧客之合作活動的行銷組合，會從4C的角度考量策略。所謂的4C包括共創（Co-creation）、通貨或浮動定價（Currency）、共活化（Communal activation）、對話（Conversation）。如何藉由與顧客的合作來創造利益，是企業延伸策略的關鍵。產品策略上，像無印良品這種與顧客共創的經營方式相當重要。價格策略上，要像拍賣網站這樣滿足消費者間的供給與需求，並像貨幣市場的通貨那樣，實施即時變動的動態定價。通路策略上，藉由消費者間交易，一起把市場做大的共活化是相當重要的要素。可使用他人所有物的共享服務，也是一種通路策略。無印良品在價格與通路策略上，並不著重於顧客間合作。不過在未來的發展中，或許有必要開始重視這塊策略。最後，推廣策略上，活用顧客間的對話是個關鍵。無印良品不只活用了社交媒體，也很重視網站內的評論、星等評價等共同評等機制。

第4章

◇數位社會的行銷

　　不過，即使進入了數位社會，也不表示數位行銷能夠取代傳統行銷。在認知、觀望、行動、推薦等購買意願決定過程，以及顧客與企業在客戶旅程每個階段中的接觸點上，如何讓這兩種行銷方式以適當比例共存是一大重點（圖4-2）。在每個階段中，表現出自家企業優於其他企業之處；在少數接觸點上，與顧客共同建構有意義的互動（engagement），都是很重要的關鍵。

　　初期階段中，傳統行銷會透過門市或廣告等接觸點，有效建構出顧客的認知。就無印良品來說，偶然在街上路過看到的門市，以

專欄 4-2

絕對價值

伊塔瑪・西蒙森（Itamar Simonson）與伊曼紐・羅森（Emanuel Rosen）提倡「絕對價值」的概念，意為顧客實際體驗到的「產品品質」。譬如在餐廳的體驗、閱讀的樂趣（或是無趣之處）、聆聽耳機聲音時的愉悅等。以相機為例，相機的絕對價值不只技術規格與耐用程度，也包括擁有的感覺與使用上的自由度。

在進入數位社會以前，人們常用眼前的局部資訊（譬如價格）比較不同商品之「相對價值」，屬於相對評價方式。在實驗中，讓一個組別的消費者從中價位與低價位的相機中選擇一台相機；另一個組別中，除了中價位與低價位的相機外，還加了一台高價位的相機供選擇。實驗結果顯示，後者組別的消費者不選擇低價位，改選擇中價位相機的比例，比前者組別的消費者高。從眼前的選項中挑選時，人們會傾向選擇中間項目，這個特性稱做「折衷效應」。

進入數位社會以後，用同樣的條件進行實驗時，折衷效應仍然存在，但在消費者做出選擇時，如果讓他們查看 Amazon 的顧客回饋，折衷效應就會消失。這表示，人們並沒有變得更聰明、變得更理性，不過在這個搜尋引擎功能強大，更容易看到顧客回饋以及專家、朋友的意見的數位社會中，人們更容易獲得絕對價值的資訊。與過去相比，現在的顧客猶豫要不要購買某個產品或服務時，可以馬上精確掌握產品的品質（絕對價值）。

這種變化對消費者與企業的影響相當大。在曉得絕對價值的情況下，消費者更容易做出正確判斷，不會被企業廣告的心理操作影響。

也就是說，對企業來說，行銷的意義產生了很大的變化。當消費者可以輕易掌握絕對價值時，過去讓消費者用以預測多數產品或服務品質的「相對因素」（品牌效應、忠誠度、產品定位）的影響力也急遽下降。如何因應這種從相對轉變成絕對的根本性變化，是經營者、行銷者們必須重新思考的重點。

【圖 4-2　數位社會的行銷】

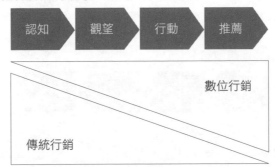

出處：本書作者參考科特勒、陳就學、塞提亞宛著作（2017）的圖4-1繪製。

及店內的商品陳列相當重要。隨著購買意願決定過程的進行，數位行銷的重要性在觀望、行動、推薦等階段的比重需隨之增加，企業才能與顧客建立起更緊密的關係。其中，看到這項產品的顧客，會受到其他顧客的評價影響（專欄 4-2）。無印良品就會透過網站與app，增加與顧客的接觸點。

◇數位社會的行銷漏斗

　　進入數位社會以前，一般來說，已認知到某個品牌存在的顧客中，會有幾個顧客開始觀望，其中又有幾個實際行動購買，購買後的顧客中又有幾個推薦他人購買。所以購買意願決定過程中，顧客數的變化會像漏斗一樣，也叫做行銷漏斗（圖4-3）。

　　然而數位社會中，這個過程卻可能不像漏斗，而是變成像領結一樣的形狀。結合傳統行銷的行銷組合與數位行銷的行銷組合後，在各個階段設置適當的接觸點，便可讓更多對企業或品牌處於認知狀態的人進入觀望階段，並讓更多人展開購買行動。而且，處於認

第 4 章

知與觀望階段的人們，可能會因為產品有高評價而跟著推薦，使另一端的人數跟著增加。

【圖 4-3　行銷的理想型態】

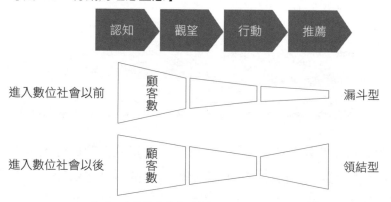

出處：本書作者參考科特勒、陳就學、塞提亞宛著作（2017）的圖7-2繪製

5. 結語

　　本章中，我們透過無印良品的案例，學習到數位行銷的基本概念、企業與顧客間的合作，以及行銷組合的概念。

　　由本章應該不難看出，數位行銷的基本概念並不困難。只要想像在數位社會中，你會想和什麼樣的企業交朋友、合作就可以了。做為企業，則要讓顧客有這樣的想法。

第 4 章

　　這種事看似簡單，其實很困難。企業必須重新檢討過去的行銷方式才行。而且因為對手的存在，當企業想要獲得顧客的許可時，可能會被認為是在妨礙他們。

　　不過，隨著數位社會的發展，這樣的變化已不可避免。企業只能用交新朋友、找新夥伴的方法，向潛在的顧客禮貌地要求許可。

❓深入思考

①數位社會中，為什麼需要顧客社群的許可？

②試以顧客的身份，舉出一個想與之合作的企業或品牌，並思考其理由。

③試舉出一個最近購買的產品或服務，思考與企業的接觸點。

進階閱讀

☆若想深入研究數位社會中的產品價值與評價，請閱讀

伊塔瑪・西蒙森、伊曼紐・羅森（陳儀譯）《告別行銷的老童話：捕捉頑皮CP值與個性化購買者的新影響力科學》大寫，2016年。

☆若想深入研究數位社會中的顧客許可，請閱讀

Seth Godin《Permission Marketing: Turning Strangers into Friends, and Friends into Customers》Simon & Schuster，1999年。

第4章

第Ⅱ部

數位行銷策略

第 5 章

產品策略的基礎：Apple

1. 前言

　　地圖、辭典、音樂CD，這些產品有個共通點，它們的功能都可以被智慧型手機的app取代。使用地圖app，可以輕易搜尋到前往目的地的路線；將一種語言輸入翻譯app，可以免費幫我們轉換成其他語言；音樂或影片app則可讓我們自由收聽數量龐大的歌曲。就這樣，在數位化與資訊技術的進步下，為顧客提供價值的方式也從既有的產品轉變成了新型態的產品。許多種產品都可以連上網路，在產品間交換資訊，還可以彼此同步。

　　本章主要會從企業端的角度，學習數位行銷產品策略的基礎。具體來說可分為以下三個主題。首先要提到的是，數位化的產品或服務，譬如智慧型手機的app，與既有產品或服務有什麼差別。再來會談到，智慧家電等產品間可彼此連線之資訊技術的發展，會對產品帶來什麼樣的變化。最要說明的則是，數位化與資訊技術的發展，會對企業的產品策略產生什麼樣的衝擊。讓我們以Apple的音樂產業為例，一一思考這些主題。

2. Apple

◇Apple Music

2015年6月30日，Apple的「Apple Music」服務開始營運。Apple Music是一項收錄了約4,500首歌曲的串流音樂服務，消費者只要每個月繳980日圓的費用，就可以自由聆聽這些歌曲。在這之前，消費者要用iTunes聽音樂時，必須從CD中擷取音樂檔，或者在iTunes商店中購買歌曲，再製作成撥放清單。也就是說，消費者只能聽自己有購買的歌曲。Apple Music的服務則超越了這個限制。只要每個月支付定額費用，就可以盡情聆聽所有Apple Music上的歌曲。若說用iPod聽音樂是「把自家音樂庫帶著走」，那麼Apple Music就是「把大型CD出租店帶著走」。

Apple Music的特徵不是只有樂曲數目很多而已，也是使用者邂逅新音樂的地方。Apple Music會24小時播放廣播節目，要是使用者聽到自己喜歡的歌曲，可以自行追加至播放清單。另外，Connect功能可以讓使用者追蹤自己喜歡的歌手或專家，觀看他們的最新資訊，聆聽它們推薦的歌曲。而且，Apple Music會從使用者播放的曲目中學習，並推薦符合使用者喜好的歌曲，即「為你推薦／For You」的功能。

◇音樂銷售事業的市場環境

Apple Music使用一種叫做串流的方式播放音樂。使用者可透過網路一邊下載伺服器上的音樂，一邊在自己的裝置上播放。因為使

用者並沒有購買樂曲，所以使用者沒辦法複製、沒辦法用CD-R等儲存裝置保存下來。不過，如果聆聽一定數量以上的樂曲，平均聽每首歌的價格就會低於購買一首歌的價格。另外，只要連上網路，就可以聆聽世界上的所有歌曲。在網路通訊速度提升，以及各種網路環境的改善下，串流服務迅速普及開來。國際唱片協會（IFPI）的報告Global Music Report 2018指出，2017年全世界的音樂銷售額中，串流約佔了38%，超過了CD，成為比重最大的項目。而且全世界的串流使用者達到了1億7,600萬人。在日本，隨著串流使用者的增加，銷售額也逐漸擴大。就ICT總研的估計，2013年時，日本的音樂播放服務使用者有370萬人，2016年末時則達到1,420萬人，在三年內變為3.8倍。另外，就日本唱片協會的報告，2017年時，定額訂閱音樂播放服務的市場規模約為238億日圓，比起2013年的31億日圓也有很大的成長。與世界市場相比，日本的串流市場份額相對較小，不過隨著三浦大知、宇多田光等人氣歌手加入串流服務後，未來串流市場想必會加速擴大。

英國的Spotify是音樂串流市場的先驅。該公司於2008年時開始提供串流服務，2017末已擁有7,100萬名付費會員。Apple在2014年以約3,050億日圓買下了提供串流音樂定額訂閱服務的Beats Electronics，在2015年才開始提供Apple Music服務，晚了Spotify七年。雖然比較晚起步，Apple卻能在服務開始的一年內獲得了超過1,300萬名付費會員，並在2018年3月達到3,800萬名。在日本市場，2015年時LINE、AWA、Google、Amazon開始提供串流音樂服務，2016年時則有Spotify和樂天加入市場，使串流音樂事業的競爭漸趨激烈。

◇HomePod的市場導入

　　串流音樂訂閱服務的市場陸續擴大，競爭漸趨激烈，Apple卻在2018年2月時引入了新的產品。那就是名為HomePod的智慧音箱。所謂的智慧音箱，指的是擁有人工智慧（AI）語音功能的音箱。HomePod的產品概念是「重新定義在家聆聽音樂的方式」，以會在日常生活中聆聽音樂的消費者為主要目標。與Amazon、Google等公司的智慧音箱比起來，HomePod的價格比較昂貴，卻具備了高效能的CPU與低音喇叭，在音質上擁有壓倒性的優勢。而且，HomePod的空間識別功能可以讓它識別出自己在室內的位置，並依照位置調整聲音。另外，與其他智慧音箱相同，HomePod可以和許多機器連線，用聲音操控其他機器。在機器間的連線上，Apple獨自開發了名為HomeKit的系統。許多企業也會發售可連上HomeKit的產品，如玄關大門、照明裝置等。

　　App與串流音樂部門的銷售額持續增加，2015年時約為2兆4,100億日圓，2016年約為2兆7,500億日圓，2017年約為3兆3,600

第5章

【照片 5-1　Apple 的 HomePod】

照片：Apple提供

億日圓。Apple將這個部門視為重要的成長動力,目標是在2020年時,銷售額達到2016年的2倍。

Apple Music與HomePod改變了消費者聆聽音樂的方式。以前的消費者會在門市購買音樂CD,然後反覆聆聽同樣的歌曲。如同我們前面提到的,隨著iTunes商店的登場,消費者可以直接在商店內購買想聽的音樂資料,並用iPod將大量歌曲帶在身上,然而「從自己擁有的歌曲中選擇想聽的歌」這樣的行動基本上沒有太大的改變。不過,使用Apple Music服務時,不需特別去選擇要聽哪個歌手或歌曲,只要和HomePod說要聽什麼樣的歌曲,Apple Music就會依照喜好播放各種歌曲。所以使用者可以聽到多種音樂,包含許多沒聽過的歌曲。人們從聽CD變成下載音樂、再開始使用串流,在這個數位化過程中,商業模式與消費者行動也在逐漸改變。

3. 數位財

◇什麼是數位財

　　所謂的產品，指的是為了滿足顧客的需求而在市場上提供的有形財與無形財。所謂的有形財，指的是音樂CD、播放器等有實體、看得到、可以拿在手上的產品。相對的，無形財指的則是沒有實體的東西。傳統行銷中將產品定義為「益處的捆包（bundle of benefit）」，強調顧客可以藉由產品獲得某些益處。這點在數位行銷上並沒有太大變化。不過進入數位社會後，實物與資訊（內容）分離，看待產品的方式也有所變化（參考第1章）。舉例來說，就算不購買實體音樂CD或書籍，消費者也可以從網路上下載歌曲或文章資料。本章提到的Apple Music就是提供這樣的服務。與音樂CD相比，Apple Music在資訊的觸及數與豐富度上有飛躍性的進步。只要下載App就可以聽到來自全世界的4,500萬首歌曲。

　　音樂與電影等內容、天氣預報或新聞等資訊，以及電腦應用程式之類的軟體，皆為可用數位資訊表示的數位財。與有形財相比，數位財有非排他性、可複製性、非空間性等特徵。

　　所謂的非排他性，指的是與其他消費者同時購買相同的數位財時，數位財的價值也不會減損。舉例來說，如果在用餐的時候和朋友分享料理，自己的食物量就會減少；如果把衣服借給別人穿，自己就沒辦法穿這件衣服。但是，如果是數位財的話，即使其他人也同時消費同樣的產品，產品的價值也不會改變。就算有很多人同時聽Apple Music的歌曲，歌曲的音質也不會變差，因為歌曲的數據不會因為其他人聽過就毀損。

再來要談的是複製可能性。生產數位財時的邊際成本（每增加1個生產量時，成本增加了多少）幾乎為零，非常容易複製。與生產時需要原料的有形財不同，生產更多數位財時，幾乎不需要額外成本。因此，生產者可藉由規模經濟（參考第3章）獲得相當大的利益，是數位財的優點；然而數位財也容易被盜版產品侵害智慧財產權，是數位財的缺點。

最後要說明的是非空間性。數位財沒有實體，所以買賣時不受空間距離的限制。如果是有形財，就必須從生產地點運送至消費地點，還有保管的需要。然而數位財可以在瞬間傳送到世界上的每個地方，不需要物流系統。比方說，我們可以透過網路，將音樂資料傳送到世界各地。

【圖 5-1 　數位財的三項特徵】

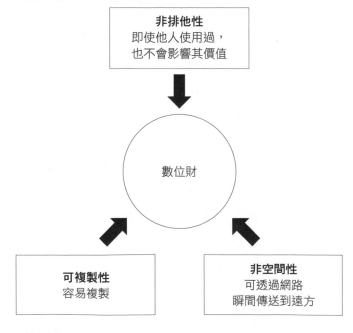

非排他性
即使他人使用過，
也不會影響其價值

數位財

可複製性
容易複製

非空間性
可透過網路
瞬間傳送到遠方

專欄 5-1

標準化策略

或許在意的人不多，事實上，不管哪家廠商製造的電器產品，都使用相同的插頭，可以插入日本國內任何地方的插座。為什麼任何一個插頭都能插入任何一個插座呢？因為插頭與插座的形狀與規格有一定的標準。

規格標準化可以分成兩種，分別是由公家標準化機構決定的標準，以及業界各大企業所決定的標準。舉例來說，插頭與插座的形狀就是由日本國家規定的 JIS（日本工業規格）決定的。業界企業所決定的標準則是競爭與協調後的產物。譬如無線充電的技術可以分為飛利浦及 P 全日空 sonic 主導的 Qi 規格，以及由 AT&T 及金頂主導的 Powermat 規格等兩邊的競爭。這種由競爭結果決定的標準稱做實質標準（de facto standard）。另一方面，在影像壓縮技術領域中，Amazon、Apple、Google 等大型企業正合作開發新的規格做為標準。這種在協調下定出的標準，稱做聯盟式標準（consortium standard）。

所謂的標準化策略，指的是讓自家公司使用的規格在市場上普及，以獲得更大的市佔率為目標。當自家規格成為實質標準以後，就可以將原本支持其他規格的企業顧客搶過來，擴大自家產品的市佔率，固可享受到規模經濟（參考第 3 章）。另一方面，訂定聯盟式標準時，雖不像爭取到實質標準那樣，可以在成功後獲得大量市佔率，卻因為這是由多家公司共同推行的標準規格，故可期待未來市場進一步擴大。市場擴大後，銷售量的增加同樣也有規模經濟的效果。不過，在決定聯盟式標準的時候，與成本有關的條件與其他競爭者相同，所以必須在品質、功能上做出差異化才行。

◇客製化

　　談到Apple Music等數位財時，有個很重要的關鍵字，那就是客製化。所謂客製化，指的是依照每個用戶的個人偏好，提供不同的產品或服務。想像成訂作服裝的概念，應該會比較好理解。Apple Music會依照用戶的偏好製作播放清單，也可追蹤喜歡的歌手與專家。另外，Apple Music會學習用戶的播放曲目，然後依照學習結果推薦符合用戶偏好的歌曲或歌手。也就是說，用戶本身的行為，讓Apple Music得以客製化。不是只有Apple Music能提供用戶客製化內容，Apple還會透過Apple Store提供用戶各種app。用戶購買自己喜歡的app，或者免費下載app時，就可以客製化自己的iPad與iPhone。

　　數位財客製化之所以有很好的效果，有兩個主要原因。第一，產品或服務在客製化之後，可以滿足更多顧客的需求。除了讓用戶能製作喜歡的歌手的歌曲播放清單之外，如果app還能幫助用戶發現更多他可能會喜歡的歌手，想必可以讓喜歡音樂的用戶更加滿意。客製化不只能讓這些用戶長期使用Apple Music，也會因為他們的評論而吸引到更多新用戶。

　　第二，客製化可以提高轉換成本（參考專欄 3-2）。當用戶想從Apple Music轉換到其他公司的音樂服務時，用戶必須重新製作播放清單。而且，當用戶從iPhone變更成Android手機時，必須重新購買新的app才行。因為有許多手續成本和金錢成本，所以用戶不太可能從Apple的裝置或Apple Music轉換到其他產品上。

4. IoT

◇什麼是IoT

聲音辨識技術是HomePod等智慧音箱的一大特徵。消費者可以和智慧音箱說話，藉此播放音樂，或者用網路搜尋資訊，還可以透過智慧音箱選擇電視頻道、開關照明裝置。之所以有這些功能，是因為上述的電視與照明裝置等產品都有連接網路，可以和智慧音箱連線。

用網路將各種產品連接在一起的現象叫做IoT（Internet of Things）。IoT之所以漸受關注，是因為智慧家電等可連上網的產品在技術上有很大的突破。智慧產品中含有感應器、微處理器（進行各種演算處理的半導體晶片），以及資料儲存裝置，就像是裝了一台電腦在裡面一樣。智慧家電連上網路時，可以讓產品功能出現飛躍性地提升，為產品策略帶來新的視角。

詹姆斯・荷柏爾曼（James Heppelmann）與麥可・波特（Michael Porter）提出，連接上網路的智慧產品有①監視、②控制、③最佳化、④自律性等特徵（圖5-2）。所謂的監視，指的是可以由外部裝置記錄產品的使用狀況或狀態。監視功能可以讓使用者掌握產品的使用狀況、判斷產品故障的可能性、預測零件的交換時期。另外，如果可以定位產品的位置，遺失或遭竊時就可以找回產品。假設某天遺失了iPhone，只要iPhone有連上網路，就可以用電腦等裝置找出iPhone的位置。

所謂的控制，指的是由外部裝置操控產品，使產品能在特定環境下依照指示行動。舉例來說，是想像HomePod之類的智慧音箱與

第 5 章

【圖 5-2　可連上網路的智慧家電有哪些能力】

出處：本書作者參考Porter and Heppelmann（2015）製成

控制照明裝置、空調以網路相連的情況。只要對智慧音箱說一聲「開燈」，照明裝置就會自動點亮；說「當室溫降到10℃以下時，打開暖氣」，就可以設定空調依照指示自動開關。

　　所謂的最佳化，指的是IoT能以監視到的資訊為基準控制產品，讓使用者享有最佳的效果。舉例來說，IoT可以依照過去的使用狀況，分析裝有空調的房間大小，以及使用者偏好，將房內溫度調整到最適合使用者的狀態。

　　所謂的自律性，指的是就算顧客不主動操作，也能夠產品也能自律控制的功能。舉例來說，掃地機能以每天的掃地資料為基礎，自動分析適合清掃的時機，自動掃地。如圖5-2所示，上位的能力需以下位的能力為前提。舉例來說，要實現自律性，就必須先做到最佳化。

◇IoT帶來的機會

IoT與智慧家電的組合，使我們能獲得與產品使用狀況有關的大量資訊。這些資訊或許能為企業帶來一些機會。第一，企業能以從產品獲得的資訊為基礎，建構新型態商務模式。舉例來說，普利司通就有在販賣名為「礦用卡車大型輪胎的維持管理系統」的解決方案。他們會在大型輪胎裝上感應器，監控溫度和胎壓，使我們能在爆胎前感測到異常。另外，普利司通還提出了能夠讓輪胎發揮出最大性能的使用方法。第二，由產品獲得的顧客資訊，可幫助開發。分析顧客使用狀況後，可以看出哪些功能比較重要，成為設計新功能時的提示。譬如Apple Music與HomePod蒐集到的資訊，理應可以幫助未來的Apple開發產品或服務。第三，廠商可以將這些資訊販賣給第三方，藉此獲得利益。舉例來說，輪胎廠商蒐集到的資訊可以做為汽車廠商開發產品時的參考。不過，將資訊提供給第三方時，需注意顧客的反彈。

就這樣，從產品獲得的顧客資訊可以讓企業找到新的優勢，但需注意幾個重點。第一，獲得的資料量與市佔率有關。因此，越早打入智慧家電市場的企業，可以蒐集到越多資訊，越可能享有先行者優勢（參考專欄 3-1）。第二，資料本身並不會直接帶來優勢。要從資料中獲得有用的洞見，需具備一定程度的分析能力。第三，廠商必須適當管理、保護資料。企業擁有的資訊很可能會變成駭客的攻擊對象。因此，企業必須提高安全性，努力防止資訊流出（參考專欄 15-1）。

專欄 5-2

n次創作

2015 年年末的紅白歌合戰發生了一件事，引起多人熱議。那就是小林幸子以特別企劃的形式出場，演唱《千本櫻》。這首千本櫻並不是演歌，而是名為初因未來的 Vocaloid 的歌曲。年輕人們把小林暱稱為「大魔王（Last Boss：遊戲最後登場的魔王角色）」，而小林翻唱的千本櫻也被上傳到了「Niconico 動畫」網站，以「千本櫻 試唱」（千本桜　歌ってみた）的名字發表。

若在 Niconico 動畫網站以「千本櫻 試唱」為關鍵字搜尋，可以找到數千個影片。除了唱歌之外，還有用鋼琴或吉他等樂器演奏的「試奏」影片，以及跟著歌曲跳舞的「試跳」影片。不僅如此，還有人會把許多「試唱」的影片組合成看似在合唱的影片，或者是把多個樂器演奏影片組合成像是樂團在演奏般的影片。創作者們基於原本的作品，製作出二次創作物，再以此為基礎，製作出三次創作物。這種經過多階段創作的作品，稱做 n 次創作（濱野 2008）。對於擁有可複製性與非空間性等特徵的數位財來說，n 次創作相當容易推廣。

初音未來之所以能有 n 次創作物，發行商 Crypton Future Media 對市場的瞭解與制定的規則是不可或缺的條件。該公司允許初音未來的二次創作物以非營利的形式自由發表、散布。另外，piapro 這種促進 n 次創作的社群網站的成立也推了這個熱潮一把。piapro 允許會員發表自己的插圖與音樂，也可以使用其他會員的創作物製成新的創作物。目前，在遊戲與企業形象人物等各個領域，已開始明文化各種與二次創作有關的規則，認同這種創作方式。

5. 結語

　　本章中，我們以Apple Music為例，說明數位行銷中，產品策略的基礎。內容與資訊屬於數位財，具有非排他性、可複製性、非空間性等特徵。而且數位財可藉由客製化，提高顧客的滿意度與轉換成本。本章還提到，IoT產品擁有監視、控制、最佳化、自律性等特徵。

　　不管是提供數位財的企業，還是提供傳統產品、服務的企業，本章提到的內容都相當重要。對於提供數位財的企業來說，了解財貨的特性與客製化的優勢，可以讓策略發揮出更大的效果。另一方面，對於提供傳統產品、服務的企業來說，將傳統產品與數位財結合，想必能找到新的機會，建構出新的商業模式。

第 5 章

❓深入思考

①請試用免費版的音樂／影片串流服務，並比較串流服務與傳統音樂CD、影像DVD的差異。

②請就數位財的三種特性，分別舉出實例說明。

③試尋找IoT的實例，思考IoT可以為消費者帶來甚麼樣的價值。

進階閱讀

☆若想深入研究客製化，請閱讀

Anthony Flynn、Emily Flynn Vencat《Custom Nation: Why Customization Is the Future of Business and How to Profit From It》BenBella Books，2012年。

☆若想深入研究IoT，請閱讀

早稻田大學商學院根來研究室《IoT時代の競争分析フレームワーク》中央經濟社，2016年。

第6章

產品策略的延伸：
樂高

第 1 章
第 2 章
第 3 章
第 4 章
第 5 章
第 6 章
第 7 章
第 8 章
第 9 章
第 10 章
第 11 章
第 12 章
第 13 章
第 14 章
第 15 章

1. 前言

　　各位在購物時，都能找到自己想要的產品嗎？看到產品時，是不是常會覺得「形狀很棒，但顏色很普通」、「對我來說量太多了」，很難找到剛好適合自己的產品呢？可能還會有人覺得，如果有哪間企業可以製作出自己理想中的產品就好了；或者，如果可以自己動手做出產品就好了。在網際網路普及以前的世界中，消費者只能單方面購買企業開發的產品。不過，在企業與消費者的合作越來越重要的數位社會，讓消費者參與企業的產品開發的共創（Co-creation）活動也越來越多了。而且，若消費者有足夠的能力，甚至還可以主導產品的開發。那麼，企業會如何和消費者合作呢？消費者又能在什麼樣的情況下，發揮共創的力量呢？

　　樂高很受全世界小朋友的歡迎。全世界的樂高積木總數已超過世界人口。同時，樂高也是採用消費者參加式產品開發的代表性企業，由公司外的消費者提出構想後，公司再依此開發新產品。而且，許多消費者會利用樂高進行新創工作。本章將透過樂高的例子，從產品策略的延伸觀點，學習共創的方法與效果。

2. 樂高

◇樂高的沿革

樂高（LEGO）於1932年成立於丹麥的比隆，是一家玩具製造商。Lego源自於丹麥語的「leg godt」，意為「玩得很好」。創業者將兩個字的前兩個字母結合起來，就成了公司名稱。樂高在剛創業時，製造的是木製玩具，後來則以塑膠製的可組合積木為代表產品直至今日。多種顏色的積木上，都有著小小的突起，使積木可以組合在一起，得到多種不同的形狀。樂高至今已製造、販售了多種主題的積木，包括街道、宇宙、城堡、海賊等等，是世界級的兒童玩具製造商。以前，樂高的產品都是由自家公司內部開發，相當保護智慧財產權，是一個相對封閉的公司，與一般傳統企業無異。現在的樂高除了自行開發新產品之外，也會向公司外的消費者徵募idea，用共創的方式開發新產品。而且，有好幾個用來自公司外的idea開發出來的產品線獲得了很大的成功。

◇Mindstorms事件

樂高開始採用共創方式開發產品的契機，是1998年的樂高機器人系列產品「Mindstorms」的發售。與過去的樂高產品一樣，Mindstorms系列在開發時也是以兒童為目標客群，產品卻吸引到許多大人，使樂高的玩家迅速增加。另外，同時期網際網路的普及、發展，也讓樂高玩家間形成了網路社群。

第6章

在這種狀況下，樂高玩家們做出樂高公司意想不到的舉動。首先，某個大學研究生解析了Mindstorms的控制程式，然後在網路上公開。該程式不只在樂高的網路社群內流傳，也透過機器人、電腦的網路社群，散布到了全世界。接著，一位軟體工程師玩家將便於兒童操控的圖形介面程式，改寫成了可以讓機器人做出複雜動作的文字介面語言。另一個大學研究生則開發了高效率的獨立OS「LegOS」，讓Mindstorms的動作速度可達原版的4倍。

玩家們會與大眾分享製作的程式，使樂高公司憂慮可能會有盜版或動作不良的情況。然而樂高並沒有對玩家提出智慧財產權的相關警告，而是在軟體授權聲明加上「駭客的權利」，明言樂高公司不會對分解Mindstorms、開發相關軟體、將開發出來的軟體免費散布出去的行為提出訴訟。另外，雖然官方並不承認LegOS，卻相當讚賞使用LegOS的玩家的創意。於是，與Mindstorms有關的網站陸續誕生，玩家的創意吸引了更多新玩家的加入。結果，一套2萬日圓左右的Mindstorms在1998年的聖誕特賣中熱賣了10萬套，銷售數遠遠超過預期，而且一半以上的玩家是大人。

有了Mindstorms的經驗之後，樂高一改過去幾乎不信任外部人士的作風。1999年秋天，樂高與麻省理工學院媒體實驗室共同舉辦「MindFest」活動，就以小組討論的形式與許多電腦工程師及其他玩家們直接對話。

◇次世代Mindstorms的開發

　　鼓勵玩家們參與產品開發的樂高，在2004年時啟動次世代
Mindstorms「Mindstorms NXT」的開發計劃，與玩家們共創產品。
樂高廣邀著名Mindstorms玩家參與，最後有4名專業玩家從設計階段
開始就加入開發團隊。他們有獲得試作品，不過沒有報酬。樂高公
司的開發團隊會與專業玩家頻繁交流意見，並用這些idea開發新產
品。在2006年的beta版測試中，義務參與測試的玩家共有100名。測
試者必須購買產品才能參與測試，雖然他們購買的商品有打折，但
也是一筆不小的金額。即使如此，仍吸引了9,600名玩家參與徵選。
產品測試時，負責整理網路社群意見的是從設計階段起就開始參
與開發的專業玩家。那時形成的網路社群「Mindstorms Community
Partners」分成了三個階層，分別是負責整理網路意見的4名專業玩
家、參與測試並遊說其他玩家加入Mindstorms NXT的100名大使，
以及在官方網站註冊的9,600名會員。即使到了現在，樂高的官方社
群仍將玩家分成專業玩家、樂高大使、一般玩家等三個階層。就這
樣，經過一連串開發、測試工作的Mindstorms NXT於2006年8月發
售，並引起了很大的風潮，發售第一年的銷售額就超過30億日圓。

第6章

◇樂高Ideas

後來樂高又進一步將玩家社群活用在產品開發上。2008年時，樂高與日本公司CUUSOO SYSTEM合組共創平台「LEGO CUUSOO」，並於2011推廣至全世界。2014年時，該平台納入樂高底下，並更名為現在的「樂高Idea」。

玩家可以先用樂高積木堆疊出自己想要的樂高作品，拍照後再將這個Idea投稿到樂高Idea網站上，或者使用樂高官方提供的軟體「Lego Digital Designer」製作設計圖後投稿，然後由其他玩家投票，決定要將哪個Idea商品化。其他玩家除了投票之外，也可以留下自己的評論。若有某個Idea在一定期間內獲得一定數量的投票，樂高的設計師與行銷負責人就會討論要不要商品化。商品化之後，投稿的玩家就能以創造者（creator）的身份獲得酬勞。

與傳統的產品開發相比，樂高Idea的產品開發期間變得更短，是一大優點。其中，LEGO Minecraft的人氣特別高。這個Idea在SNS廣為流傳，在短短的48小時內就獲得了10,000票，且只花了平均開發時間的三分之一，也就是六個月後，就成功商品化。

【圖 6-1　樂高 Ideas 的產品開發過程】

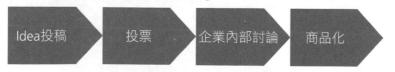

Idea投稿　➤　投票　➤　企業內部討論　➤　商品化

出處：本書作者參考樂高網站翻譯、製作

3. 群眾外包

◇什麼是群眾外包

次世代Mindstorms的開發與樂高Idea的產品開發，皆為樂高公司與玩家們以共創形式進行的產品開發。前一節中提到的共創案例包括Mindstorms的beta版產品開發、beta版產品的測試、樂高Idea的投稿、就投稿的Idea進行投票等四個案例。除了Mindstorms開發以外的三個案例，都使用了名為「群眾外包」的手法。群眾外包的產品開發方式不僅見於樂高公司，包括無印良品、LAWSON、YAMAHA、P全日空sonic、adidas、P&G等各種企業都會使用群眾外包的方式開發產品。

所謂的群眾外包，指的是將一般人剩餘的勞動力聚集起來，進行內容創造、問題解決、研究開發等工作。以公開徵募的方式向一般大眾尋求資源（resource），是群眾募資的一大特徵，畢竟群眾募資（crowdsourcing）就是群眾（crowd）與調度資金（resourcing）結合而成的組合詞。相較於委託特定人士或平時業務往來對象，群眾外包使用的是外部資源——群眾智慧。群眾外包這個詞由Wired雜誌的編輯傑夫・浩威（Jeff Howe）提出。

之所以會有群眾外包，可歸因於兩種社會性背景的因素。首先在網路的普及、發展下，降低了人群間的交流成本。再來，隨著教育水準的提升，群眾中越來越多不同職業、擁有不同專業的人們。這讓許多不輸給專業人士的業餘人士有發揮他們能力的空間。因此，群眾外包多用網路進行，且常由企業經營的網路社群推動。但並不是所有網路社群都能夠設計成讓參加者願意彼此交流的樣子。

◇問題解決與預測

　　群眾外包可以分成尋求Idea與單純委託工作兩種。產品開發的群眾外包屬於前者，同時也是開放式創新的一種型態（專欄6-1）。尋求Idea的群眾外包可以再分成問題解決與預測兩種。Mindstorms的測試與樂高Idea的投稿屬於問題解決，樂高Idea的投票則屬於預測。

　　研究開發時的群眾外包通常是為了解決問題。舉例來說，企業常會以創意競賽的形式，從不特定多數的消費者所提出的Idea中，選出有用的Idea。之所以用群眾外包的方式尋求Idea，是因為這麼做可以善加利用遠比公司內資源豐富的外部資源。一般而言，有Idea的消費者人數比企業內的員工數還要多。而且群眾的多樣性也是群眾外包的優勢。群眾中的人們常擁有自家企業員工所沒有的專業或偏好，可為企業帶來意想不到的Idea。

　　屬於預測的群眾外包，目的常是為了進行試銷，譬如預測開發出來的產品會有多少銷量的需求預測。進行需求預測時，直接詢問

【圖 6-2　群眾外包】

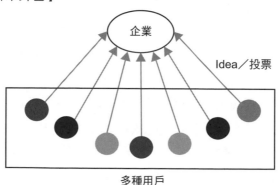

專欄 6-1

開放式創新

所謂的開放式創新，指的是有效率地結合企業內部與外部的 Idea，創造出新的價值，這是由亨利·切斯布魯夫（Henry Chesbrough）提出的概念。

傳統上，企業會聘僱研究員在自家公司內進行研究開發工作。這種封閉式創新需雇用優秀人才，可以掌控獨立開發之產品的智慧財產權，目標是在市場上推出最好的產品。封閉式企業時期的樂高公司產品開發過程，是封閉式創新的典型。

然而，隨著新產品的開發時間縮短、產品壽命縮短、與公司外的資訊交流更為容易，使公司越來越有使用外界 Idea 的必要。市場整體的品質提升，競爭漸趨激烈，也代表世界上的 Idea 越來越豐富，於是用這些 Idea 開發產品的效率也跟著提升。實現開放式創新後，公司便能加快開發產品的速度，盡早進入市場，從市場的反應中學習。

開放式創新的企業會藉由授權、徵求 Idea 的方式，向其他公司、大學、地方政府、各行各業、各領域團體等外部資源募集技術、Idea、資料。譬如樂高在開發次世代 Mindstorms 時，就徵募了 4 名專業玩家參與合作活動、提供產品開發的 Idea，這種群眾外包也屬於一種開放式創新。

而且，不是只有群眾外包這種使用外部 Idea 開發產品、創造商業模式的過程屬於開放式創新。雖然本書不會詳細說明，不過由企業內部的 Idea 傳到外部，進而產生新價值的過程，也屬於開放式創新。

消費者的意見是最確實的方法。投票這個形式，可用以判斷哪個Idea有多大的機會，藉此預測市場需求。

在傳統的產品開發過程中，負責解決問題、進行預測的是企業，消費者則是企業決策時的調查對象。而在共創的過程中，消費者會參與解決問題以及結果預測。另外，企業希望看到的共創參加者，並不是傳統上做為市場調查對象的一般使用者，而是可以被稱做先驅使用者的人們，包括專業玩家以及各種特殊使用者。

◇群眾外包的優勢

與傳統手法開發出來的產品相比，群眾外包的產品通常業績也比較好，銷售額與產品壽命表現較佳。原因主要有兩個，一個是產品品質差異，一個是企業與消費者之間的交流程度差異。首先，由群眾外包製作出來的產品品質本來就會比較好，這也稱做品質效果。與企業內部的專家相比，消費者的Idea的可行性可能略差，但新奇性以及對顧客的方便性會比較強。另外，在交流層面上，當消費者知道其他使用者有參與這個產品的製作時，會留下比較好的印象，稱做標籤效應。

◇群眾外包的參加者

　　但是，群眾外包不是每次都有用。假如企業經營的網路社群沒辦法留住參與者，就沒辦法得到預期中的結果。參與網路社群的消費者可以自由選擇要參與共創，或者是離開。企業與消費者一起共創的時候，必須明確說明規則與預期的成果，並盡可能共享資訊，追求與消費者建構出雙贏的關係。特別是，比起金錢上的報酬，內在動機更是驅使參與者參與共創活動的原因。他們會利用多餘的時間投入自己喜歡的東西。因此，能否讓消費者自發性地投入、能否讓消費者對自己的能力充滿自信、能否讓消費者樂於解決問題，是企業發起共創時的重點。這些都是提高網路社群的夥伴意識的原因。

第 6 章

4. 新創社群

◇消費者主導的社群

群眾外包的網路社群主導權在企業,但亦存在著由消費者主導的社群。其中,也包括與開發產品有關的新創社群。消費者中,有人會自行創造、改良手上的產品,他們被稱做用戶創新者。以分散在各地的用戶創新者為核心,透過網路彼此整合,讓用戶彼此合作,就可形成所謂的新創社群。

◇開源軟體

開源軟體的開發社群就是新創社群的典型案例。開源軟體指的是可自由散布,可能為商用或非商用,可自動對應需求變化的軟體。包括Linux在內的許多軟體都屬於開源軟體。開源軟體的開發者並不是企業內部的專家,而是網路社群的參加者。他們會開發基本功能、添加新功能、提升速度、提升運作穩定度、移植到新的工作環境、抓出bug、消除bug、製作操作手冊、免費回答其他參加者

【圖 6-2　群眾外包】

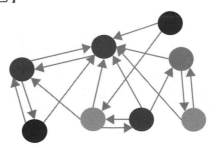

使用者之間可雙向、單向交流彼此的Idea。

的問題等。社群中有許多不同層級的使用者，譬如實行計畫，製作軟體基本功能的人，積極參與開發的人、使用軟體並回報狀況的人、僅使用軟體的人等。軟體的計劃主導者可判斷其他參加者新增的變更，然後在程式設計上做出最後決斷。以主導者為首，每個參與者都擁有各種不同的Idea，所以社群內的開發效率比單一位用戶創新者的開發效率還要高，作品也比較好用。而且每個參與者各自的工作環境都不同，測試軟體時也比較方便。再來，因為參與者都是無償公開自己的Idea，利於新創的普及。

◇新創社群的優勢

　　新創社群不僅適用於軟體這種無形的數位財，也適用於有物理實體的有形財。隨著網路的普及、發展，人們開始可以在公開場域自造產品，使多種共享Idea的新創成為為可能。與開源軟體類似，新創社群在開發、測試、普及等層面都有較大的優勢。而且，使用者會透過物理性的方法製造產品，使每個消費者都能成為製造者，帶來自造者運動（maker movement）的風潮（專欄 6-2）。

◇新創社群的參與者

　　群眾外包可解決某些企業的問題，另一方面，新創社群的成員則是自身擁有待解決問題的消費者。因此，新創社群的參與者與群眾外包的參與者的動機並不相同。首先，新創社群的參與者會把重點放在開發滿足自身需求的產品。他們很重視自己在社群內的評價，以提升自己在社群內的評價為目標。有一部份的參與者會以開

發本身為樂趣，參與社群是他們的興趣，所以能夠長期參加這些社群。這種情況下，他們所重視的、他們開發動機的來源，是同一個社群內的夥伴們的回饋。

◇新創社群與企業的關係

並非所有企業都想進行開放式創新，或者與新創社群合作。當企業沒有釋出善意時，新創社群便會製造出許多與企業競爭的高效能產品，免費散布。另外，某些用戶創新者還會創業販售自己開發的產品，成為所謂的用戶創業家。對於開發產品的企業來說，用戶創業家可以讓他們知道如何滿足市場上的需求，在這方面可以合作，但基本上還是競爭關係。另一方面，企業可能會發起與群眾外包不同形式的共創活動。像是提供基礎建設給用戶創新者製造他們開發的產品，或者是提供平台讓消費者開發產品時使用。譬如有些企業就會提供工廠的生產設備等資源給消費者使用。

在樂高公司之外，以非官方身分製作與Mindstorms相關程式，就是用戶創新的一種。樂高公司並沒有敵視這些新創社群，反而讚賞他們的作品，於是由消費者主導的Mindstorms在共創平台上大獲成功。也因此，讓樂高能在開發次世代Mindstorms之際，邀請新創社群的著名人士加入由樂高主導的共創計劃。

專欄 6-2

自造者運動

　　自造者運動（maker movement）被稱做數位化的自造過程。過去全世界獨立作業的 DIY 實踐者聯合起來，成為世界規模的製造者，這種現象就叫做自造者運動。這種現象有三個特徵，分別是在電腦桌面上，以數位工作機械進行設計與試作、藉由網路社群分享設計，以及用標準化的設計檔案簡化製造過程。在名為 Fab Lab 的工作室，任何人都可以使用包括 3D 列印機（參考專欄 10-1）在內的各種數位工作機械。自造者運動相當於是開源軟體的實物版，共享設計的網路社群也擁有新創社群的特徵。製造者中也有分成積極開發新產品的用戶創新者、僅使用其他用戶開發之產品的使用者等各種不同的階層。另外，自造者可以將設計檔提交給扮演平台角色的自動化工廠，少量製造產品。自造者運動可以說是自造的復興。當量產品無法滿足使用者時，使用者可透過自造，製作出有個人特色的產品，也讓以新型硬體產品為核心的創業難度大為降低。而且，自造者之間的交流不僅限於網路社群，於世界各地舉行的 Maker Faire 活動，讓自造者可以展示自己製造的產品。個人、企業內同好會成員等參加者，除了可以在會場展示產品之外，也可以販賣這些產品。

第**6**章

5. 結語

　　本章透過樂高的案例，說明消費者在產品開發過程中的新角色，以及實現共創的方法。以企業與消費者的合作為特徵的群眾外包，以消費者之間的合作為特徵的新創社群，皆屬於數位社會中的共創行動。無論是開發產品的企業，還是參加網路社群的消費者，都必須理解兩者的特徵與差異。企業與擁有強大能力的消費者之間常有著複雜的關係，有時彼此合作，有時彼此競爭。對企業與消費者之間的關係的理解，不僅在開發產品時很重要，在思考企業應提供什麼樣的產品或平台（參考第3章）時也很重要。

❓深入思考

①試思考共創之下開發的產品，為什麼會比企業獨自開發的產品更好。

②消費者在什麼情況下會自願參與共創呢？試思考其動機。

③試思考最近購買的產品中，在共創之下開發出來的產品與過去的產品有什麼不同。

進階閱讀

第6章

☆若想深入研究共創的理論背景與整體內容，請閱讀

　小川進《ユーザーイノベーション：消費者から始まるものづくりの未来》東洋經濟新報社，2013年。

☆若想深入研究實務上如何發揮集團的力量，請閱讀

　Jeff Howe（羅耀宗譯）《玩家外包：社群改變遊戲規則》天下雜誌，2011年。

第 7 章

價格策略的基礎：全日空

第1章
第2章
第3章
第4章
第5章
第6章
第7章
第8章
第9章
第10章
第11章
第12章
第13章
第14章
第15章

1. 前言

各位有用過「學生優惠」嗎？這裡說的「學生優惠」不僅包括拿著學校發的學生證購買優惠車票，還包括電影院的學生票、軟體的契約費用、手機通訊費等等。環顧市場，近年來有許多產品與服務都有所謂的「學生優惠」。

從價格策略的觀點來看，學生優惠是一種依照使用者特徵改變價格的策略。在能夠活用各種資料的數位行銷中，除了依照「學生」這種人口數會動態改變的特徵來定價之外，還能從購買履歷等各種資料推導出使用者的特徵，再依照這些特徵來定價。

另一方面，在不同時期、不同時機下，賣方可能會定出不同的價格。即使是相同的產品，當購買時期不同時，消費者可能必須支付不同的價格。如果喜歡冬季運動的人在冬天時投宿靠近滑雪場的旅館，或者喜歡海洋運動的人在夏天時投宿靠近海邊的旅館，都需支付比其他季節還要高的價格。我們在許多地方，都可以看到因時期或時機不同而跟著改變的價格。

隨著技術的進步，各企業也開始知道如何依照使用者的屬性與特徵，在不同時期或時機，分別訂出適當的價格。本章就讓我們以全日空為例，說明價格策略的基礎概念吧。

2. 全日空

◇全日空的設立與成長

全日空原本是一家以直升機載人、載運貨物為生的公司，名為「日本直升機輸送株式會社」。創業時，公司底下只有兩台小型直升機。全日空的歷史就從這個規模極小的公司開始。

1958年，公司改組成現在的「全日本空輸株式會社」。二次世界大戰後，GHQ（駐日盟軍總司令）解除了對日本資本投資國內航空事業的限制，於是日本各地成立了許多小型航空公司。其中，日本直升機輸送株式會社就與「極東航空株式會社」合併成現在的「全日本空輸株式會社（全日空）」。當時，全世界有許多航空公司都是在政府主導下設立的，全日空這種從頭到尾都是由民間企業組成並一路成長的例子相當特殊。全日空公司之所以會有這種挑戰精神旺盛的風氣，或許也和這樣的成長過程有關。合併後，全日空成為了日本代表性的航空公司，廣受人們信賴。

現在的全日空已是個能飛往世界各國的國際航空公司，然而早期的全日空是以日本國內線為核心。之所以如此，是受到1970 年代日本政府航空政策的影響。之所以如此，是受到1970年代日本政府航空政策的影響。為抑制航空公司之間的過度競爭，促進航空產業的發展，日本政府決定讓兩家航空公司分工，由JAL（日本航空）負責國際定期航線與日本國內幹線，全日空負責日本國內幹線、國內地區航線，以及近距離國際線包機。1964年東京奧運之際，負責在日本國內運送聖火的就是全日空客機。這種航空公司分工政策一直持續到1980年代中期，所以全日空的國際定期航線一直要到1986

年才開始營運。

◇全日空價格策略的脈絡

　　日本政府的航空政策，也影響到了本章所提到的價格策略。目前國內線的機票價格是由各家航空依照自家公司擬定的策略決定的，譬如LCC（廉價航空）會設定比較低的價格。不過以前的機票價格受到嚴格的規範，有多家航空公司飛同一條航線時，票價必須相同才行。而且，若要改變票價，必須獲得運輸大臣（類似台灣的交通部長）的許可。這項規定一直到1990年代才放寬，而在2000年日本航空法修正後，機票的票價才完全自由化。

　　票價自由化之後，即使是同一個航空公司，也可以定出多種價格。查看全日空的國內線預約網站可以看到，即使是相同的路線、同樣是經濟艙，也會有多種不同的價格。除了做為基本票價的全日空 FLEX之外，還有全日空會員專用的商務票價、全日空 VALUE及全日空 SUPER VALUE等優惠票價、股東或身障人士等特定顧客的票價。如果當天還有空位的話，還會有Smart Senior、Smart U25等優惠票價。

　　會有如此多樣的票價，就表示即使服務相同，每個顧客願意支付的價格也不會一樣。以全日空為首的各家航空公司，會試著預測顧客在享用航空服務時願意支付的價格，再依此定出適當的價格策略。

　　一般來說，在航空業界，越早預約機票的話，價格越低；越接近搭乘日，價格就越高。舉例來說，「全日空 SUPER VALUE」就

必須提早預約才能享有優惠。譬如乘客在搭乘日的21天前，可購買全日空 SUPER VALUE的「SUPER VALUE 21」；搭乘日的75天前，可購買「SUPER VALUE 75」。中間還有多種票價可供選擇。一般來說，越早購買機票，票價就越便宜，但也並非一定如此。票價會隨著預約日期的時間點，以及該班次的空位狀況而有不同程度的折扣。換言之，該機位的人氣決定機票的價格。

◇全日空的飛行常客獎勵計劃

要了解航空公司的價格策略，就必須先知道什麼是飛行常客獎勵計劃。所謂飛行常客獎勵計劃，指的是乘客搭乘某航空公司的班機，累積一定的飛行距離或搭乘次數後，可換得機票。故可視為間接的價格優惠策略。

最初的飛行常客獎勵計劃是1981年，由美國航空推出的「AAdvantage」，服務對象是搭乘自家班機的會員。當時美國市場的價格競爭越演越烈，美國航空為了增加常客而推出了許多策略，AAdvantage就是其中之一。在這之後，美國國內其他航空公司也跟進，再陸續擴展到世界各國的航空公司。

全日空於1984年開始發行「全日空會員卡」，成立會員組織，會員可累積日本國內線哩程。在增加國際定期航線後，也可累積國際線哩程。1997年時，日本國內、國際線共用的飛行常客獎勵計劃，也就是現在的「全日空哩程俱樂部」誕生，目前會員數已超過3,100萬人。

維持既有顧客是飛行常客獎勵計劃的其中一個目標。全日空加

入了組成全球網路的三大航空聯盟之一，星空聯盟。搭乘全日空以外的航空公司班機時，也可以累積哩程。能不能累積哩程已是現在的人們選擇航空公司時的重要因素。航空公司也會和其他企業合作，讓顧客能在日常生活中的許多地方累積哩程。

飛行常客獎勵計劃中，通常會將使用頻率高的顧客設定為高級會員。全日空把會員分成Bronze Service、Platinum Service、Diamond Service等三個等級，並以前一年的使用情況決定會員的等級（照片7-1）。這些高級會員有許多優待，譬如可使用候機室、可優先登機等。其中，與價格策略最為相關的是紅利哩程。最高級會員Diamond Service的顧客搭乘班機後可以獲得大量紅利哩程，可累積的哩程數是非高級會員之一般顧客的兩倍。由此可以看出，高級會員因為這種間接折扣而享有更多優惠。

3. 對應不同時期的動態定價

◇什麼是動態定價

　　傳統行銷在進行價格設定時，需在事前做調查，再決定某個特定價格，並以此交易。另一方面，數位行銷中，會因應需求的變化彈性改變價格，以獲得較多利益，也就是所謂的動態定價。

　　在不同時期、不同狀況下，消費者願意支付的價格也不一樣，動態定價特別重視這個概念。航空業與旅館業等行業，常用動態定價方式決定價格。舉例來說，在日本的黃金周或暑假時，飯店的價格會明顯比淡季價格還要高上許多。企業會在需求較低的時期設定較低的價格，讓覺得「如果是這個價格的話，我願意購買」的人花錢購買；在需求較高的時期設定較高的價格，讓覺得「就算是這個價格，我也願意購買」的人花錢購買，所以才有這樣的價格差異。

　　前面提到的「全日空 FLEX」、「全日空 SUPER VALUE」中，票價皆與需求密切相關。依據機艙空位的預測結果，人氣較高的機票會賣比較貴，人氣較低的機票則會賣比較便宜。因此，即使是同一條航線，搭乘日不同時，票價也不一樣。就算搭乘日相同，不同時間帶的班次人氣也不同，所以票價也不同。

　　由於飛機出發前的機票需求會急遽下降，故Smart Senior優惠與Smart U25等當日優惠亦可理解成動態調整票價的結果。在航空業界中，有些班機即使有很多空位也必須起飛。這些班機只要有空位，就會依照需求定出相對較低的價格，畢竟多一點收入，整體而言還是能增加整體公司營收。

【圖 7-1　動態定價的效果】

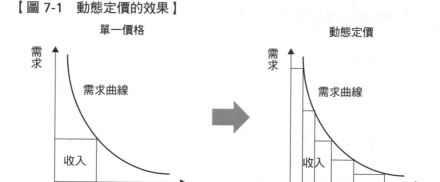

比起單一價格，動態定價的收入面積明顯較大

出處：本書作者參考全日空綜合研究所（2017），圖91（p.150）繪製

　　有效實行動態定價的企業，收入會比設定單一價格的企業還多。如果可以讓每個顧客都支付願意支付的最高價格，就可以從「即使多花一點錢也願意購買」的顧客獲得更多收入，也可以從原本不會購買，認為「要是便宜一些的話才願意購買」的顧客獲得收入（圖7-1）。

　　隨著數位技術的進展，許多企業也開始使用動態定價機制。譬如過去價格固定的日本高速公路使用費，隨著ETC的普及，也開始在不同時間收取不同費用。

◇需求預測的重要性與營收管理

　　營收管理與動態定價的概念有關。所謂的營收管理，指的是將適當的產品或服務，以適當的價格，提供適當的量，給適當的顧客。要實現有效的營收管理，必須瞭解那些顧客願意花多少錢購買

某項產品或服務，也就是要進行需求預測，瞭解在不同定價下，分別需準備多少數量的產品，再將預測結果結合動態定價。

　　對於包括全日空在內的航空公司來說，如果釋出太多低價早鳥優惠票，之後就沒辦法售出太多的高價機票，錯過增加收入的機會。另一方面，如果想提高高價機票的銷售量，並減少早鳥優惠票數量的話，最後可能會出現許多空機位。所以，正確預測需求，在各價格區間分配適量的機位，才能透過動態定價最大化營收。因此，航空公司必須累積過去的預約資料並加以活用，慎重決定機票價格與販售數量。

◇依不同時期動態定價時需注意的重點

第7章

　　即使市場環境在不同時期、不同狀況下，需求會大幅改變，也不表示每種產品或服務的動態定價都能成功。其中要特別注意的是產品或服務的需求的價格彈性。所謂的需求價格彈性，指的是當價格出現變化時，需求增減的程度。通常，價值越高的東西，需求隨價格的變動也越大。一般來說，動態定價較適用於需求價格彈性較高的產品。想想看需求價格彈性低的產品的情況，就可以瞭解為什麼會這樣了。如果某種產品的需求價格彈性較低，那麼在需求下降時，即使該產品有優惠價，需求量也不會增加太多。因此降低該產品價格，只是讓原本買得起該產品的顧客用更低的價格購買而已，反而可能降低營收。

4. 對應不同顧客的動態定價

◇動態定價的擴大

過去的航空業與旅館業所實施的動態定價中，會隨著時間的經過而調整價格。而在進入數位行銷時代之後，企業可以在更多面向上活用動態定價，針對擁有不同特徵的顧客，更有彈性地決定價格，技術上已可做到這點。

從很久以前開始，企業就會對不同的顧客定出不同價格，學生優惠和敬老優惠就是常見的例子。全日空的機票也有Smart senior（敬老）優惠和Smart U25等針對特定族群顧客推出的優惠。這種對不同消費者定出不同價格的手法，稱做價格差異化。換言之，價格差異化制度下，企業會對願支付價格（WTP：Willingness To Pay）不同的消費者，定出不同價格。

前面提到的學生優惠與敬老優惠是以年齡之類的顧客特徵做出的價格差異化。數位行銷中，則可以大數據為基礎，依照顧客過去的購物記錄，彈性變更價格，進行動態定價。

以主題樂園的門票為例。圖7-2為A到D等四位顧客，第一到三次來這個主題樂園遊玩時的願支付價格。一般來說，第一次到某主題樂園玩時，願支付價格最高，第二次、第三次來玩時，願支付價格則會逐漸下降。若能活用遊客的來訪紀錄，主題樂園就可以依照他們的願支付價格，調整他們第二次、第三次來園時的票價，最大化來訪的顧客數。當然，如果購買過某項商品的人願意支付更多錢購買該商品，企業就可以對這些人訂出更高的價格。因此，基於購買記錄彈性設定價格，可以訂出更好的價格策略。

Freemium

各位有使用過 Adobe 公司的 Acrobat Reader 嗎？ Acrobat Reader 可以用來閱覽、列印 PDF 檔案，是 Adobe 免費提供的軟體。不過，免費版的 Acrobat Reader 沒辦法編輯 PDF 檔，沒辦法將其轉換成 Word 等 Office 形式的檔案。若想做到這些事，就必須購買付費版。

像 Adobe 這種免費提供基礎版，進階版需付費購買的銷售方式，稱做 freemium（免費增值）。Freemium 是由「free」、「premium」組合而成的組合詞。2000 年代後期開始，這種銷售方式越來越常見。譬如遊戲本身免費，但想獲得稀有道具的話就必須支付現實金錢購買的遊戲 app。在 YouTube 上發表歌曲供人免費聆聽，再靠周邊商品或音樂會的收入維持營運的歌手，也是一種 freemium 的例子。

免費提供產品或服務，藉此吸引顧客付費的方法，並不是最近才出現。以前的商家就會用提供免費樣本的方式吸引人購買商品。不過，和強調試用的樣本發放不同，在 freemium 銷售模式中，顧客可持續使用免費版本，而且和使用付費版的顧客人數相比，使用免費版的顧客人數明顯多很多。這種商業模式之所以能夠成立，也和我們在第 5 章中談到的數位財特徵有關，服務越多顧客時，每位顧客的平均成本會大幅降低。

一個成功的 freemium 需用具魅力的免費版吸引大量顧客，並使付費版與免費版之間有明顯差異。如果免費版的性能過好，就會降低顧客使用付費版的意願；如果免費版的性能過差，就沒辦法吸引足夠的顧客購買。在兩者間取得平衡，才是 freemium 模式成功的關鍵。

【圖 7-2　主題樂園的來園次數與願支付價格 】

	A 的願支付 價格	B 的願支付 價格	C 的願支付 價格	D 的願支付 價格
第一次來園	8,500 日圓	7,500 日圓	8,000 日圓	9,000 日圓
第二次來園	7,000 日圓	4,000 日圓	6,000 日圓	8,500 日圓
第三次來園	6,000 日圓	2,000 日圓	5,000 日圓	8,000 日圓

■若為單一價格6,500日圓…

· A的來園次數：2次（6,500 × 2）
· B的來園次數：1次（6,500）
· C的來園次數：1次（6,500）
· D的來園次數：3次（6,500 × 3）

→收入合計4萬5,500日圓

■若為動態定價（第一次7,500日圓、第二次6,000日圓、第三次5,500日圓）

· A的來園次數：3次
　（7,500 + 6,000 + 5,500）
· B的來園次數：1次（7,500）
· C的來園次數：2次（7,500 + 6,000）
· D的來園次數：3次
　（7,500 + 6,000 + 5,500）

→收入合計5萬9,000日圓
　（A與C的來園次數各增加一次）

◇依顧客帶來的獲益進行動態定價

動態定價會依顧客的特徵，彈性改變價格。此時，價格不只可隨著供需與消費者願支付價格的變化而調整，也可隨著每一位顧客帶來的獲益大小（獲益性）進行調整。

像是全日空哩程俱樂部這種忠誠計劃（loyalty program）就是為了讓消費者再度光顧、培養熟客的策略，藉由累積點數或哩程，間接達到價格策略的效果。全日空哩程俱樂部的高級會員可以享受到多種服務，這樣的策略是為了強化公司與高獲益性顧客之間的關係，讓他們願意繼續選擇全日空。其中，讓高級會員獲得紅利哩程，相當於讓高獲益性顧客間接享有價格優惠。某些線上商店中，優良顧客的點數還原率會比一般顧客更高；日本某些銀行會在客戶存款達一定量時給予ATM免手續費的優惠，也是類似的概念。

依照顧客的獲益性進行動態定價，不只是為了目前公司的獲利。Amazon Prime與Adobe軟體之所以推出「學生優惠」，也是為了公司的長期獲利。傳統行銷中也很注重顧客一生中為公司帶來的獲益，也就是所謂的顧客終身價值。而在數位行銷中，則可基於顧客終身價值的期望值，針對每個顧客彈性調整產品的價格。

第7章

專欄 7-2

訂閱

　　各位是怎麼聽音樂的呢？是透過 iTunes 等軟體下載音樂，還是購買 CD 呢？有些人堅持使用黑膠唱片等類比方式聆聽音樂，也有不少人會透過第 5 章中提到的 Apple Music 等服務聆聽音樂。

　　從價格策略的角度重新回顧這些音樂的購買方式，會發現 Apple Music 的購買方式與其他來源有很大的不同。購買 CD 或黑膠唱片時，每張唱片都有固定的價格，在 iTunes 上購買歌曲時，每首歌也有固定價格，不過使用 Apple Music 服務時，卻是購買固定的使用期間。

　　使用 Apple Music 服務時，只要支付一定金額，就能在固定期間內無線聆聽音樂。近年來這種定額制的服務形式逐漸增加，又稱做「訂閱」（subscription）服務，是數位行銷領域中備受矚目的價格策略。

　　購買訂閱服務的消費者並不會「擁有」產品，而是「使用」產品。Hulu、Netflix 等月付制串流平台的使用者也不是「擁有」DVD，而是「使用」串流平台的服務，這就是訂閱的典型例子。另外，第 15 章還會介紹 B2B 商務的訂閱服務。

　　訂閱形式的服務並非最近才出現。長期訂購報紙、主題樂園的全年護照，都屬於訂閱服務。第 5 章中我們也曾提到，隨著數位財的增加與共享經濟的發展，過去無法以訂閱方式服務消費者的產業，也陸續開始提供訂閱服務。

　　與傳統行銷相比，訂閱較重視顧客的持續消費。故行銷負責人必須比以前更專注於建構、發展企業與顧客的關係。

◇依不同顧客動態定價時需面對的課題

不過，對顧客的動態定價需謹慎進行。如果不同顧客用不同價格買到相同商品，可能會覺得不公平，進而產生強烈的厭惡感。過去Amazon曾對不同屬性的消費者定出不同的DVD價格，卻招來強烈反彈。因此企業必須謹慎研究，看出哪些屬性或特徵的顧客，不會因為價格不同而反彈。

另外，即使是同一個顧客，當使用目的不同時，願支付價格也會有很大的差異，然而要精確掌握這種差異並依此進行動態定價並不容易。就航空業而言，顧客搭乘商務搭機或私人搭機時，願支付價格相差很大，然而通常我們很難分辨顧客是商務行程還是私人行程。通常，私人行程會很早就確定下來，商務行程則常臨時變更。若航空公司掌握這些特徵的話，就可以決定適當的定價策略。譬如讓越早買機票的人享有越低的價格，越晚買機票的人則需負擔較昂貴的價格。若企業能從各種視角觀察顧客的使用狀況，便能此決定出適當的定價策略。

第7章

5. 結語

本章中我們學到數位行銷中效果很好的價格策略，那就是能夠依據不同時期、不同顧客，彈性調整價格的動態定價策略。動態定價策略在航空業與旅館業者中已使用多年，隨著數位技術的發展，對許多企業來說，動態定價亦有很大的成效。企業可透過分析過去累積起來的大數據，精準分析出不同客群的需求與獲益性。然後以此為基礎，針對適當的顧客，在適當的時機，定出適當的價格，增加企業的獲益。

當然，並非所有產品或服務都適用動態定價。在動態定價的同時，小心不要招致顧客反感也是很重要的課題。但毫無疑問的是，對於數位社會中的行銷人員來說，動態定價是一項相當強大的武器。

❓深入思考

①試思考自己身邊有哪些動態定價的例子。

②近年來，美國的棒球賽門票也開始採用動態定價策略。試思考在
　這個例子中，需由那些因素預測需求，又該如何設定價格？

③試思考不同顧客對動態定價的容許條件。

進階閱讀

☆若想深入研究營收管理與服務業的價格策略，請閱讀

　David K. Hayes、Allisha A. Miller《Revenue Management for the
　Hospitality Industry》，John Wiley & Sons Inc，2010年。

☆若想深入研究Freemium等活用「免費」的價格策略，請閱讀

　Chris Anderson（羅耀宗、蔡慧菁譯）《免費！揭開零定價的獲利
　祕密》，天下文化，2009年。

第7章

第1章
第2章
第3章
第4章
第5章
第6章
第7章
第8章
第9章
第10章
第11章
第12章
第13章
第14章
第15章

第 8 章

價格策略的延伸：Airbnb

1. 前言

「600日圓啊？能不能再便宜一點啊？」「那2個1,000日圓怎麼樣？」「好，買了」「謝謝惠顧」。

這種互相喊價，也就是買賣雙方的價格交涉，是以前實體店面內的常見光景，現在卻很少看到了。在線上商店相當普及的現在，這種價格交涉的場面是不是也跟著消失了呢？倒也不是如此。

數位社會中，我們是消費者也是賣家。比方說民宿網站、網路拍賣網站、二手市場網站上，消費者自己就是賣家。在這些地方，買賣雙方都是一般消費者，為消費者間交易，也就是所謂的C2C交易（參考第3章）。群眾募資是籌措資金的手段之一，雖然不是買賣交易，但也包含了消費者間交易的要素。這種消費者交易中常需要交涉價格，或者會依照交易對象的條件而提供優惠價格，在價格設定上常有一定彈性。

本章會以民宿網站Airbnb為例，說明網路上消費者交易的價格交涉過程。在消費者本身也是賣家的數位社會中，價格究竟扮演著什麼樣的角色呢？另外，價格策略又可延伸到哪些議題上呢？本章將試著回答這些問題。

2. Airbnb

◇Airbnb的成立過程

　　Airbnb網站上的房東（host）可以將自己的家或房間短租給房客（guest），所以Airbnb可以視為「民宿」的仲介網站。與介紹飯店／旅館的樂天旅遊、一休等旅館預約網站不同，Airbnb上的房東及訪客皆為一般消費者，故Airbnb可以說是相當特殊的平台，提供消費者間的住宿設施共享服務。自2008年成立以來，現已遍及全世界共191國，8萬1,000個都市，已有400萬以上的住宿設施註冊，包括一般房間、住家，城堡、宿坊（供僧侶、參拜者居住的住宿設施，類似台灣的香客大樓）。在日本國內也有6萬個物件註冊，每年有500萬人使用Airbnb的服務。

　　Airbnb這個經營模式的idea是2007年時，工業設計師布萊恩・切斯基（Brian Chesky）與喬・傑比亞（Joe Gebbia）在舊金山進行的研討會上聊天時想到的。在舉辦大型研討會時，舊金山的住宿設施往往人滿為患，而且價格都很高。當時他們住在舊金山SoMa地區的一間公寓內，於是他們把公寓的客廳借給為了參加研討會而來到舊金山的人們住宿，並附贈隔日的早餐。他們給住宿者睡的是充氣床（airbed），而這就是他們目前的公司名稱「Airbnb（Airbed and breakfast）」的由來。2008年，內森・布萊卡斯亞克（Nathan Blecharczyk）加入團隊，並於同年8月成立網站。2009年起，不僅提供公寓與套房，也提供透天厝、城堡、樹屋供房客選擇。2011年，他們在德國、英國設立辦公室。2012年，在法國、義大利等6個國家設立辦公室。2014年，於日本設立法人機構。現在的Airbnb

第8章

不只提供住宿設施預約服務，也提供各種體驗行程的預約。譬如在洛杉磯的飛機駕駛體驗、邁阿密的遊艇體驗、鳥取沙丘的飛行傘體驗、京都的藝妓體驗等。Airbnb的房客已不再只是為了「住宿」而使用Airbnb，也有不少房客是為了獲得「住宿時特有的體驗」或「當地特有的體驗」而使用Airbnb。

◇Airbnb的商業模式

Airbnb的商業模式如圖8-1所示。房客與房東可透過Airbnb聯絡，屬於我們在第3張中曾提到的多邊平台。

不論是房東還是房客，若要使用Airbnb都得先註冊一個帳號。接著房東需在網站上填寫房源資訊，包括簡單的說明、可住宿人數、住宿費用、設備、住宿規則（可否吸菸、可出入的區域、可否找朋友過來等），並上傳房屋照片（Airbnb把這些資訊稱做「房源描述（listing description）」）。而在設定出租費用時，Airbnb會顯

【圖 8-1　Airbnb 的商務模式】

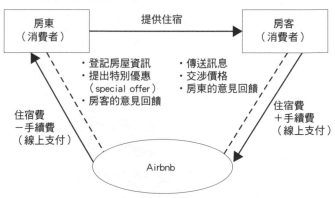

提供交易平台，並向房東與房客分別收取手續費

示附近住宿設施的費用，並依此計算出建議出租費用，不過出租費用最終仍是由房東自由決定。

　　另一方面，房客可瀏覽各房東上傳的房源描述，看到有興趣的住宿設施時，可透過Airbnb聯絡房東。房東也可透過Airbnb與房客聯絡，決定要不要讓投訴者來住宿。Airbnb可以讓房東與房客雙方互相評價。也就是說，房東可以留下意見回饋，評價房客的優劣；房客也可以留下意見回饋，評價住宿設施的優劣。因此，房東在決定要不要讓房客入住時，可以參考該房客過往的評價，判斷該房客是否值得信賴。

　　房東接受房客的訂房後，房客可用信用卡等方式支付住宿費。到了住宿當天，房東可以當面把鑰匙交給房客，也可以把鑰匙放在鑰匙盒內，再告訴房客密碼。若採用後者做法，房客不需與住宿者見面，也可以完成住宿。

◇Airbnb的費用系統與支付方法

　　Airbnb的支付系統中，有以下幾種支付方式。一般來說，房東可以自由設定房源的①一晚住宿費、②清潔費（每一次住宿可以收一次清潔費，可設定任意金額）、③額外房客費用（每追加一人時需支付的額外費用，可設定任意金額）。就像大多數的住宿設施一樣，週末或長假等預期需求比較高的日子，可以設定比平常還要高的價格。除此之外，房客需額外支付給Airbnb服務費，服務費的金額為①到③的費用加總後的0～20%。

　　另外，Airbnb還有「特別優惠」的功能。房客傳送訊息給房東

第 **8** 章

時，房東可透過訊息傳送介面顯示較優惠的價格，這就是所謂的特別優惠。也就是說，房東可以透過訊息傳送介面，確認房客的評價、住宿人數、住宿日數等條件，篩選特定的優良房客，提供比房源描述畫面中還低的價格。舉例來說，如果房客要長期住宿、是熟客、有帶小孩而需支付孩童住宿費，或者其他原因而希望降低住宿費用時，房東可提供較低的每晚住宿費，房客則可以透過訊息畫面瞭解自己獲得了多少優惠。獲得特別優惠的房客，看到的就不是房源描述畫面上的價格，而是較低的價格。如果房客接受特別優惠的話，便可立刻完成預約。

Airbnb除了可以用信用卡、簽帳金融卡（debit card）支付之外，也可以用PayPal等系統進行電子支付。Airbnb禁止線下或現金支付。在預計check in時間的24小時後，Airbnb會從住宿費中扣掉3%的房東服務費後，再匯給房東。

如同本節一開始提到的，Airbnb的房東與房客都是消費者，Airbnb是以消費者間交易為前提的平台。因此也存在著消費者間交易特有的信用風險。對房客來說，與自己交易的房東名字很可能不是本名，也不像企業那樣有品牌保證。而對房東來說，並不曉得這位房客是否真的會遵守住宿規則。同樣是消費者間交易的民宿也會有類似的問題，房客有「這個屋主的房間真的安全嗎？」的疑慮，屋主也有「把房間借給這個房客住真的好嗎？」的疑慮。前面提到的互相評價，是減少消費者間交易風險的方式之一。我們後面會提到，Airbnb限制房客只能透過電子支付方式支付住宿費，可以降低房東收不到住宿費的風險，以及降低房客洩漏個人資訊的風險。

3. 消費者間交易的動態定價

◇消費者間交易中的價格意義

如同我們在本章開頭時提到的，消費者間交易中，賣家可以依自己的意願彈性設定價格，故價格訂的自由度高，而且較能配合買家的要求。也就是說，賣家可以自行判斷適當的價格，也可以順應買家的需求改變價格。這意味著價格會隨著市場的需求及時變動，即Currency（貨幣或浮動定價）的真意（參考第4章）。

拍賣網站Yahoo!拍賣中，若賣家有開啟「議價」功能，那麼買家可以提出3次議價。賣家則可根據買家的評價及提出的價格決定是否要接受議價。在沒有開啟議價功能的一般拍賣中，想買的人越多，就能賣得越貴；想買的人越少，就得賣得越便宜。也就是說，

第**8**章

【圖 8-2　消費者間交易所使用的參加型價格決定機制】

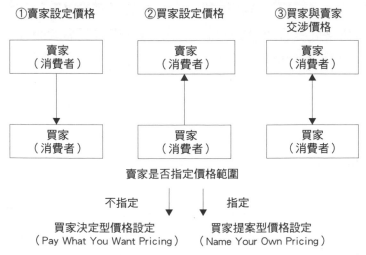

出處：本書作者參考Kim, Natter, and Spann (2009)的圖1製作

對於身為供給者的「出貨」方來說，需求的大小決定了價格。

Airbnb也一樣。Airbnb的特別優惠功能讓房東能以不同價格租給特定房客，房客也可藉此交涉住宿費用，要求更便宜的價格。對於做為賣家的房東來說，需求增加時，可以在房源描述中設定較高的價格；供給過多（或者需求過少）時，可針對特定房客提供低價特別優惠，防止空房。

◇消費者間交易所使用的參加型價格決定機制

圖8-2為消費者間交易（參考第10章）的參加型價格決定機制示意圖。圖中有三種價格決定模式，分別是①賣家設定價格、②買家設定價格，③買家與賣家交涉價格。這些價格決定模式中，②、③的價格決定機制皆有買家參與。

①賣家設定價格模式在日常購物中隨處可見，是最常見的價格決定模式。這種價格決定模式中，身為消費者的買家，依照同樣身為消費者的賣家所設定的價格，向賣家購買產品或服務。一般Airbnb的價格設定就屬於這種。如同我們在第7章中談到的。隨著買家與購買條件的差異，可能會顯示不同的價格。

②買家設定價格模式可以再分成兩種，分別是買家決定型價格設定（Pay What You Want Pricing）、買家提案型價格設定（Name Your Own Pricing）。在買家決定型價格設定中，買家可完全自由地設定價格是多少；在買家提案型價格設定中，買家需從賣家預先設定的價格範圍中，選取希望購買的價格。譬如英國的搖滾樂團電台司令（Radiohead）在網路上販賣的歌曲播放費用、日本愛知縣新城

市幡豆別館的住宿費、ZOZOTOWN的運費（2017年10月實施），皆屬於買家決定型價格設定。另外，購買型群眾募資（專欄 8-1）亦可視為一種買家決定型價格設定。而拍賣這種賣家可設定最低價格的交易，則屬於買家提案型價格設定。

◇消費者間交易的動態定價簡介

③買家與賣家交涉價格模式可以說是消費者間交易的動態定價。本章中提到的Airbnb的特別優惠功能，以及可設定「議價」功能的Yahoo!拍賣，皆屬於這種情況。過去我們常在實體店面內看到的議價過程亦是如此。進入數位社會後，隨著交易平台的個人資訊保護能力與電子交易安全性的提升，使消費者間的價格交涉更有彈性。

要使用哪種模式交易，取決於賣家認為該以獲利或完售為優先。若賣家採用①的模式，就表示賣家已有可能不會完售的心理準備，然而為了確保獲利，如果不照賣家提出的價格交易，賣家寧可不交易。若賣家採用②、③的模式，就表示賣家不把獲利放在第一順位，而是彈性應對買家的需求，避免商品賣不完。即使在可以彈性設定價格的消費者間交易中，也會出現像②或③這種，將議價能力部分或全部轉移給買家的情況。

我們在第7章中曾提到，企業若採用動態定價策略，對不同時期、不同特徵的消費者開出不同價格的話，可能會招致消費者反感。同樣的，若在消費者間交易時採用動態定價，賣家需設計適當的規則，避免買家覺得不公平。

第**8**章

專欄8-1

群眾募資

　　群眾募資（crowdfunding）是由群眾（crowd）及募資（funding）組合而成的組合詞。指的是透過網路向不特定多數的人們（贊助者）募資的系統，也就是消費者之間的募資行動。當個人或組織（新創公司或非營利組織等）為了開發產品、奉獻社會、自我實現等目的（計劃）而需要資金時，可以透過這種方式籌措資金。

　　個人或組職會事先設定募資的期限與目標金額。要是無法在期間內達成目標金額的話，通常會將資金退回給贊助者。要是達成目標金額的話，通常會繼續募資。另外，也有些計劃會用群眾募資募到的金錢製作產品試賣，以測試市場對產品或服務的接受度。越多人參與募資，就可以讓越多人知道這個計劃，故群眾募資不只是為了募資，也可以做為一種宣傳用的媒體。

　　群眾募資可以分成三種，分別是依照投資金額回饋投資者非金錢的回禮的「購買型」，回饋金錢的「投資型」，以及完全不回饋的「捐獻型」。以2011年3月於東京大學創立的新創企業READYFOR為首，包括Makuake與CAMPFIRE等企業都是代表性的購買型群眾募資平台。

　　Makuake平台募集到的資金，創造出了許多與眾不同的新產品。譬如和歌山縣的FINE TRADING JAPAN（現在的glafit）就在Makuake上提出募資計劃，欲將募到的款項用在電動輔助自行車「glafit bike」的製造與行銷上。並在2017年達到日本國內群眾募資史上的最高募資金額，共募得1億2,800萬4,810日圓。

　　在數位社會的消費者間交易中，調整價格已變得相當方便，讓賣家可依照每位買家的購買條件與希望，設定適當的價格。這表示在數位社會中，價格已可即時連動市場供需，達到浮動定價的效果。

4. 電子支付

◇什麼是電子支付

　　在Airbnb的例子中，還有一個值得關注的點，那就是房客可以用各種電子支付方式支付住宿費。一般來說，電子支付系統是讓顧客在購買商品或服務時，能以信用卡、電子貨幣（電子錢包）、虛擬貨幣（專欄 8-2）等方式支付，不需拿出現金的系統。雖然Airbnb無法使用虛擬貨幣，卻可以使用信用卡，以及PayPal、支付寶、Google錢包（已停止服務）、Apple Pay等多種支付方式，讓房客可以使用所在國家的電子支付系統支付住宿費。

　　順帶一提，日本在2015年時，電子貨幣的總支付金額為4兆6,443億日圓，比前一年增加了15.7%，而且是2010年的2.8倍。另一方面，日本的個人消費中，以電子貨幣或信用卡支付的消費約佔整體的20%，可見日本的個人消費仍以現金支付為主，電子支付為少數。

第8章

專欄8-2

電子貨幣與虛擬貨幣

　　網路上的電子支付中，除了電子支付系統本身之外，電子貨幣與虛擬貨幣也扮演著重要角色。

　　所謂的電子貨幣，指的是將貨幣預先加值到交易用的卡片或資訊裝置上，交易時再以此進行電子交易，故也稱做電子錢包。也就是說，貨幣的價值並沒有改變，使用範圍卻限於某個國家或地區。譬如 JR 東日本的 Suica、AEON 銀行的 WAON、7&I 的 n 全日空 co 等電子貨幣，只可在個別的加盟店家使用。近年來，某些地區也在嘗試將電子貨幣做為地區性貨幣使用。譬如飛驒信用組合的「Sarubobo coin」、近鐵集團控股推出的地區性電子貨幣「近鐵 Harukas coin」實證實驗，以及曾在千葉縣木更津市等地進行實證實驗，並於東京都世田谷區下北澤（Shimoshita）設立公司，預計做為下北澤之地區性電子貨幣的「Shimoshita coin」。

　　另一方面，虛擬貨幣則是像 BTC（比特幣）、XRP（瑞波幣）等擁有獨立貨幣單位的貨幣，可用於各種電子支付。也就是說，這種貨幣的價值會不斷變動，可跨越國家與地區的界線使用。2018 年 4 月施行的日本改正資金決濟法規定，虛擬貨幣的定義為滿足①可用數位形式記錄、轉移，②並非法定通貨或相當於法定通貨的資產，③可用於支付不特定的多種費用、可與法定通貨互相交換等條件的貨幣。

　　這些貨幣都有個共通點，那就是身上不用帶著現金，也可順暢地進行各種交易，包括網路上的交易。就虛擬貨幣來說，虛擬貨幣可以讓使用不同貨幣、擁有不同交易習慣的國家或地區間的交易簡化，但因為市場上存在某些投機者，將虛擬貨幣視為投機商品進行交易，使虛擬貨幣有價值不穩定的風險。雖然存在這樣的風險，但因為電子支付有著許多正文中提到的優點，所以電子貨幣與虛擬貨幣的普及，應可促進消費者的跨國購物行為。

◇買方使用電子支付系統的優點

　　電子支付系統對買方與賣方來說都有優點。買方使用電子支付系統的優點有三個。第一，可以保護個人資訊。在Airbnb的例子中，不直接使用信用卡號碼，而是將其密碼化（tokenize）後再用於支付系統的Apple Pay，或者是不會洩漏卡片號碼、銀行帳戶資訊給Airbnb及房東的PayPal，都可以降低個人資訊外流的風險。

　　第二，小額支付時使用電子支付系統不需要收下找零，可收受電子貨幣的自動販賣機與車站商店就有這個優點。順帶一提，在非現金交易佔96%的瑞典，連100日圓左右的金額都可以用信用卡支付，甚至有些店家會直接貼出「拒收現金」的告示。同樣的，中國的小額支付也多以電子支付進行。若日本接受電子支付的店家能持續增加，小額支付的普及速度應該也會越來越快才對。

　　第三，使用電子支付進行跨國交易會方便許多。也就是說，消費者到海外時也不需一直帶著現金在身上。以Airbnb為例，外國房客在出國前可以先在母國透過網路支付住宿費。這種在國外預先支付金額的情況下，就可以在不兌換外幣的情況下，用母國貨幣完成支付。

　　在第二、第三個優點下，為了賺更多中國觀光客的錢，日本的百貨公司、家電量販店、藥妝店、機場商店等也紛紛開始採用中國的電子支付系統，如支付寶、微信支付等。這想必是考慮到了中國觀光客的方便性。

第8章

◇賣方使用電子支付系統的優點

對於賣方來說，至少有兩個優點。首先，賣方可避免買方不支付費用。以Airbnb民宿業務的消費者間交易為例，房東與房客不需面對面，交易也能確實進行。

另外，使用不同支付方法時，買方願支付價格也不一樣。所謂的願支付價格，指的是買方購買特定財貨或服務時願意支付的金額（第7章）。有研究指出，使用不同支付方法時，「付錢時的痛感」也不一樣，所以和現金支付相比，以信用卡支付時，願支付價格會比較高（Raghubir and Srivastava, 2008）。電子支付類似信用卡，不需以貨幣為媒介，所以願支付價格比較高，對賣方來說是一大優點。

◇電子支付系統與消費者間交易

在數位社會中，許多交易可以在網路上完成交涉與支付，不需與交易對象面對面，其中也包括消費者間交易。另外，電子支付也讓跨國交易變得簡單許多。因此，多樣化的電子支付系統在內，可以說是數位社會中促進消費者購物的原因之一。甚至可以說，多樣化的電子支付系統支撐著數位社會中的消費者交易。

順帶一提，這裡說的電子支付系統包括電子貨幣、虛擬貨幣等，在資訊工程技術應用下登場的金融創新服務，稱做金融科技（fintech）。未來，隨著新金融科技陸續出現，日本的電子支付系統將持續加速，讓數位社會中的消費者間交易更為普及。

5. 結語

　　本章中我們談到，在數位社會中，價格策略有哪些新的可能性。數位社會中的消費者可以自己當起賣家，這讓消費者間交易，也就是C2C交易的規模越來越大。在網路資訊環境下的消費者間交易中，可採用消費者參加型價格決定機制，賣方可以設定比企業還要有彈性的價格，並與買方交涉價格。也就是說，在數位社會中，價格可依市場供需調整，形成浮動定價機制。

　　本章提到的Airbnb、二手市場網站、拍賣網站、群眾募資等，都是在數位社會下，活用消費者間交易及網路環境的特性所形成的商業模式。另外，以電子支付為核心的多種支付方式，讓跨國的消費者交易更為普及，促進了消費者的購買行動。

第8章

❓深入思考

①試舉出民宿網站中的一個住宿設施，或者是二手市場網站中的一個商品，為什麼它們會設定那樣的價格呢？

②以①為例，想像自己是租屋方（或是買方），你會怎麼交涉價格呢？

③試思考群眾募資的募資計畫，要怎麼宣傳一個募資計畫才會成功呢？該如何回饋出資者比較好呢？

進階閱讀

☆若想深入研究價值策略的基礎，請閱讀

上田隆穗《日本一わかりやすい価格決定戦略》明日香出版社，2005年。

☆若想深入研究各種價值策略，請閱讀

Jagmohan Raju、Z. John Zhang《Smart Pricing: How Google, Priceline, and Leading Businesses Use Pricing Innovation for Profitability》FT Press，2010年。

第9章

通路策略的基礎：Uniqlo

第1章
第2章
第3章
第4章
第5章
第6章
第7章
第8章
第9章
第10章
第11章
第12章
第13章
第14章
第15章

1. 前言

　　或許各位很難相信，以前除了部份郵購之外，消費者基本上都得親自到店面才能買到商品。所以在過去的年代中，店面位置是決定企業營收的關鍵。店面數及店面位置與營收、獲利直接相關。

　　然而，進入數位社會後，我們可以用多種方式購買商品。可以直接到店面親眼確認商品，或者在網路上比較各家產品規格後直接在網路上購買。消費者可以在實體門市內確認商品情況後，從其他網路業者購買商品。或者反過來，先在網路上蒐集各種商品資訊，再到附近的店家購買。而在網路上購買後，可以要求送到家裡，也可以到便利商店或其他地方取貨。在實體門市確認過的商品，可以從該店家的線上商店購買，也可以直接帶回家。在數位社會真正到來之後，製造商生產的商品可以透過多種「通路」來到消費者手上，這些通路已遠比過去還要複雜許多。

　　本章將以Uniqlo（優衣庫）的直接銷售、全通路（omni-channel）為例，說明數位社會中通路策略的基礎。

2. Uniqlo

◇Uniqlo的概要

Uniqlo是日本的快時尚服裝產業代表，年營收達1兆10億日圓（2018年2月結算），日本國內有831家店面、日本國外有1,089家店面（2017年8月末，包括直營店與加盟店）。Uniqlo網站上寫著「Uniqlo在規模達10兆7,000億日圓的日本服裝市場中，擁有6.5%市佔率」。由於商品並不貴，所以Uniqlo擁有很高的市佔率，營收與獲利也逐步上升中。

Uniqlo的起點是販賣平價成衣的一般服飾店。1984年，Uniqlo在廣島市設立1號店。1985年於下關市設立的店面成為了未來所有Uniqlo店面的原型。1991年，公司名稱從小郡商事變更成迅銷（Fast Retailling）。

在Uniqlo創業時的服裝業界，「製造業者製造、批發業者批發、零售業者販售」這樣的分工機制被視為理所當然。Uniqlo以零售業的身分創業，剛創業時只能販賣成衣。為了突破零售業者的角色，Uniqlo在東京澀谷設立東京辦公室，打算自行建構企劃、開發產品的機制。1999年，為了籌備生產管理業務，在中國上海設立辦公室。2000年，為了強化商品企劃與行銷功能，設立了東京本部。

到了1990年代後半，Uniqlo的努力成果逐漸受到世人矚目。當時Uniqlo自家開發的絨毛外套售價僅1,900日圓，引起了一陣話題。這款絨毛外套有高品質、高機能，且價格相當便宜，可以說是明確展現出了Uniqlo精神的商品。絨毛外套的廣告效果相當大，在日本引起了Uniqlo風潮，一口氣提高了Uniqlo的知名度。在這之後，發

熱衣與羽絨衣等熱賣商品也相繼問世。

　　Uniqlo從2000年起開始在網路上販賣商品。2001年在倫敦開設首家海外分店。接著於2002年的上海、2005年的首爾、美國紐澤西、香港等地陸續展店，在海外展店的速度越來越快。

◇Uniqlo的商業模式

　　Uniqlo的商業模式為「從商品企劃、生產、物流、販賣都由公司控管，藉此生產高品質、低價格之日常服飾的製造零售業（SPA）」。讓我們沿著企劃、生產、銷售的流程來看看Uniqlo的具體商業模式。

　　Uniqlo商業模式的循環從原料開發與採購開始。他們會與全世界的原料商直接交涉，大量購買，故可用比其他公司更有利的條件，穩定買到高品質原料。絨毛外套與發熱衣等核心商品的原料，則是與製造商合作開發。R&D中心的設計師與打版師拿到原料後，會開始設計工作，製作樣本。決定大致設計後，再微調顏色、輪廓，便完成設計。

　　設計完成後，商品企劃部門的商品企劃人員（Merchandiser，MD）會與各部門密切聯絡，在依季節推出不同企劃，決定設計、原料，以及行銷策略。決定春、夏、秋、冬等季節的商品結構與生產數量，也是MD的工作。在季中，他們還要觀察販售動向，適當調整產量。

　　企劃確定之後，再來就是生產。Uniqlo的產品由中國、越南、孟加拉、印尼等地合作工廠生產。在上海（中國）、胡志明（越

南）、達卡（孟加拉）、雅加達（印尼）、伊斯坦堡（土耳其）、邦加羅爾 （印度）等地設有生產辦公室，並駐有管理品質、生產進度的生產團隊，以及在纖維產業有豐富經驗的技術團隊，共約450名專業人員。生產團隊會每週前往合作工廠，解決生產上的問題，並傳達顧客提出的需求，當面改善產線。技術團隊則常駐各國Uniqlo生產工廠，指導技術與產品精神。

　　產品生產出來後，會先送至倉庫管理部門。倉管部門會在每週確認各店面的販售狀況與庫存量，將存貨與新產品送至各店面，保持適當的存貨量。季末時，倉管部門會因應各店面的需求量，配合MD與營業部門，決定改變價格的時機。最後，商品會在日本國內與海外的實體店面以及線上商店上架。Uniqlo在日本的線上商店佔日本總營收的6%，中國是10%，美國則約20%，未來線上商店的角色將會越來越吃重。因此，Uniqlo也致力於增加新的相關服務，譬如在網路上購買後可在實體店面或便利商店取貨、推出僅在線上商店上架的商品、推出特殊大小、半訂製的商品等，逐漸擴大事業版圖。

　　為增加銷售量，Uniqlo會在不同季節的活動中推出不同的商品，並在電視廣告中說明當季商品的特性與功能，還會在每週五的報紙夾入廣告單送至全日本。當季新商品會以「期間限定價格（比平時價格便宜兩到三成）」販賣。另外，Uniqlo會依照線上商店顧客來函提到的顧客期望、對商品的評價、購買記錄，以及客服中心對顧客的分析，預測消費者的需求並提出改善。

以上商業模式可整理成下圖（圖9-1）。

【圖 9-1　Uniqlo 的商業模式】

出處：本書作者參考迅銷網站繪製

◇Uniqlo在數位社會中的行動

Uniqlo營收之所以能夠長期表現良好，不只是因為他們物美價廉。在進入數位社會的現在，Uniqlo也推出了許多新策略。

改變的最大契機是智慧型手機等新裝置的登場。人們隨時拿著手機走動，就算不在家也可以搜尋情報或線上購物，所以網路世界與現實的融合也漸趨重要。讓我們來看看Uniqlo做出了什麼改變吧。

為順應環境變化，Uniqlo也推出了供手機使用的「Uniqlo app」，並在app上提供特賣資訊與折價券，希能藉由發送線上資訊，吸引客人前來實體店面。2014年3月，Uniqlo推出了新版app，增加穿搭建議的功能，目標應是想在線上促進消費者的購買行動。

從2015年到2016年，為了活化線上商店，Uniqlo增加了大量襯衫類品項。2015年8月，除了一般的襯衫「Regular fit」之外，還推出了「Slim fit」系列，可符合九成以上顧客的體型。2016年則推出了Strive系列等條紋襯衫，吸引更多人使用襯衫的線上商店。

Uniqlo於2016年1月推出西裝外套的半訂製服務。訂製夾克時，顧客必須到實體店面量尺寸，顧這項服務可促進網路與實體店面融

合。在促進融合這點上，Uniqlo也推出讓顧客在實體店面與便利商
店領取網路訂購商品的服務，以跟上數位社會中的消費者行動變
化。

3. 直接銷售模式（直售）

◇間接流通與直接流通

Uniqlo最初的商業模式是採購、販賣成衣。介於生產者與消費者之間，藉由採購商品再販賣來獲利的批發商或零售商皆屬於銷售業者，有銷售業者介於其中的流通方式稱做間接流通。Uniqlo過去曾是透過間接流通獲利的銷售業者。譬如第1章中提到的Amazon就是線上零售的銷售業者。第3章的Mercari是媒合買方與賣方的平台，屬於仲介業者。這種自己不進貨、不販賣，不靠買賣獲利的業者就不屬於銷售業者。

Uniqlo逐漸跨出販賣領域，著手進行企劃、生產、物流等業務。即使在網路發達的今天，比起由生產者直接販賣商品給消費者的直接流通，透過銷售業者交易的間接流通仍是壓倒性多數。這是因為，從設為整體的角度看來，間接流通的效率比較高。

◇流通過程中，中間業者存在的意義

間接流通有三個優點。

第一，中間業者介入後，可以大幅減少社會整體的總交易數。這和第3章中，做為仲介者的平台服務可減少買賣雙方的交易成本是一樣的道理。假設生產者（M）有5人，消費者（C）有5人，在直接流通的情況下，需要5 × 5 = 25次交易；但如果有銷售業者仲介，只需要5 + 5 = 10次交易。現實中的生產者、消費者遠比這個數字多，故銷售業者的存在可以大幅增加交易效率，這也稱做交易數最小化原理（圖9-2）。

【圖 9-2　交易數最小化原理】

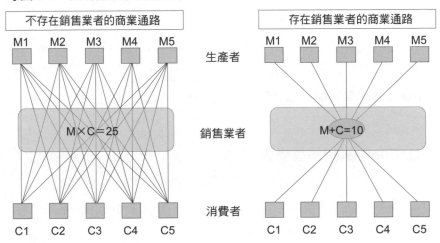

第二，有銷售業者介入時，較方便消費者蒐集生產者、商品等需要的資訊。銷售業者會與多家生產者交易，故可整理出各家產品在同一時間點的橫斷面資訊。消費者之所以能在家電量販店比較多種電視的效能，就是因為量販店整理了各家產品的資訊。另外，銷售業者也可將消費者的需求整理成同一時間點的橫斷面資訊。便利商店的POS系統（Point of Sale，銷售時點情報系統）之所以有用，就是因為銷售業者整理出了消費者的橫斷面資訊。這叫做資訊簡約、一致原理。

第三，銷售業者會集中管理存貨，以因應需求的非預期變動，這種做法可以減少社會整體的庫存量。現代的生產過程會有計劃地進行，使商品的生產速度維持一定規律，然而消費行為並不像生產行為那麼規律。在SNS等宣傳的影響下，某項商品可能會突然大賣，或者某項原本預期會大賣的商品完全賣不出去。銷售業者可統

計各物流中心的庫存量，進而將各店面的必須庫存量降至最低。這叫做庫存不確定性原理。

在這三個原理的作用下，即使已進入數位社會，批發商與零售商等銷售業者仍在市場上佔有主要地位。由此也可看出為什麼Amazon為什麼還能那麼強勢。

◇Uniqlo的直接銷售模式

Uniqlo剛創業時，需向批發商採購成衣製造商製造的成衣，再將這些成衣賣給消費者。在整個市場中，剛創業的Uniqlo扮演的是零售商的角色，僅將商品賣給消費者。但後來Uniqlo改變商業模式，與海外工廠合作，自行企劃、製造成衣，並嚴格控管品質，再進口至日本的自家店面販賣。也就是說，Uniqlo已從一個單純的零售商，轉型成企劃、生產、物流、販賣一手包辦，以直接銷售模式經營的製造零售商。

直接銷售模式有優點也有缺點。除了販售業務外，Uniqlo也自行經營企劃、生產、物流業務，省去各階段間的流通成本。然而另一方面，Uniqlo店面只能販售自家企劃產品，故難以實現店內產品的廣度與深度。不過這個問題可以靠增加基本款商品來解決。就算無法確認其他公司的銷售情況，只要Uniqlo能推出多種類別的商品，就能透過各類別商品的銷量，得知目前的市場趨勢。

就Uniqlo而言，直接銷售模式不只是為了解決需求不確定性的問題，更是為了建構適當的生產機制與原料供給機制，使生產量與流通量能彈性因應市場變化。與供給相比，需求相對不穩定，但如

果能即時確認店面的銷售狀況，因應其動向調整生產與鋪貨的話，就可以減少庫存的壓力，降低需求的不確定性，進而減少缺貨或商品過剩的情況。

◇商業模式變化的背景

　　要將商業模式轉換成直接銷售，需在資訊系統與物流系統上大舉投資。在低經濟成長的環境下，不只要低成本高效率地生產，盡可能減少商品過剩的情況也相當重要。因此，企業必須以低成本適量生產銷量好的產品，或者因應市場變化，彈性控制商品的生產、分配、流通。

　　積極活用資訊系統，可將店面銷售情況迅速傳達給企劃、生產、販售部門，使構成這個商業模式的各部門能迅速做出反應。具備物流能力後，就更能依照販售狀況，彈性管理生產、流通。也就是說，拜資訊系統與物流系統之賜，Uniqlo得以建立比過去更為細密、更為彈性的生產、流通計劃。就結果而言，Uniqlo錯過熱銷產品、庫存過多的情況明顯減少，而能持續製造高品質、低價格的產品。

第9章

4. 全通路

◇通路的變遷

　　近年來，Uniqlo的直接銷售模式迎來了新的局面。這是因為製造商製造出來的產品抵達消費者手上的過程——「通路」產生了很大的變化。數位社會中，資訊交換變得更為順暢，使通路也變得越來越複雜。

【圖 9-3　通路的變遷】

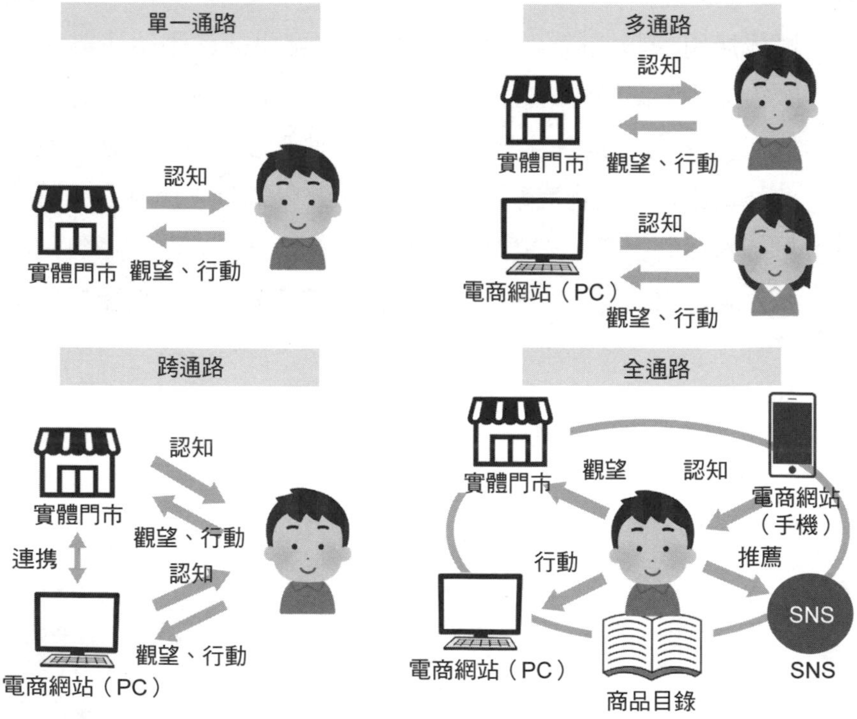

最古老的銷售管道是單一通路（single-channel）。2000年左右，轉變成了多銷售管道的多通路（multi-channel）。2005年左右，透過銷售管道間的合作，形成了跨通路（cross-channel）。2010年左右，隨著網路與現實間的結合，使消費者能在自己偏好的時間與管道購買商品，並在偏好的地點取貨，這就是所謂的全通路（omni-channel）。

◇通路的變化與客戶旅程的變化

在多通路時代中，客戶旅程（參考第2章）基本上由認知、觀望、行動組成。在實體店面看到商品後，觀望思考後再購買；或者在線上商店瀏覽商品，然後在線上商店購買。每個通路彼此獨立。因此企業與消費者間的接觸點（參考第2章）相當單純。

但在跨通路化後，客戶旅程中原本密不可分的認知、觀望、行動變得可以彼此分離。消費者可能在實體門市初次看到商品，卻在線上商店購買；或者在網路上知道這項商品，卻到實體門市購買。然而，即使市場跨通路化，店面與線上商店、商品目錄之間並沒有連動。實體店面的貨賣完時，店員並無法透過線上商店將商品寄到顧客家中。

在常用資訊裝置從電腦轉變成了手機之後，企業的販售機制也跟著改變。消費者可以在偏好的時間、偏好的地點購買下單，並在自己偏好的時間、偏好的地點取貨，這就叫做全通路化。在這樣的客戶旅程中，消費者與商品的接觸點有多種排列組合，打破了網路購物與現實購物間的隔閡。

第9章

專欄9-1

展廳現象與反展廳現象

所謂的展廳現象（showrooming），指的是消費者在實體門市認知到商品，向店員詢問商品資訊後，決定要購買商品，卻在與該門市不同企業的線上商店用較便宜的價格購買該商品的消費者行動。相反的，反展廳現象（webrooming）則是消費者從網路廣告認知到這項商品，並一一確認 SNS（社群網站）上的商品評價，最後決定到附近的實體店面購買該商品。這兩種消費者行動的共通點是，認知到商品與實際購買商品時，透過的是不同企業的通路。

若消費者從另一個通路購買，那麼讓消費者認知到商品、觀望是否要購買的企業就一毛錢都賺不到。消費者可以免費逛實體店面，但站在實體店面的角度來看，經營店面卻需要支付裝潢費、水電費、房租、人事費，只有在賣出商品時才能回收這些費用。反展廳現象也一樣，雖然線上商店的成本不像實體門市那麼高，但線上商店為推廣商品而做出的努力，只有在消費者購買後才能獲得回報。從賣方的角度看來，要是買方的認知、觀望、行動不是在同一個平台上的話，賣方就無法獲得應有的獲利。

進入數位社會後，隨著手機的普及，消費者越來越不排斥在線上與線下通路之間來來去去，但這種認知、觀望、行動不一致的行為，卻會對企業造成嚴重的問題。為了應對這些問題，企業會推出虛實整合（clicks & mortar）策略，使實體門市與線上商店兩邊的營運可以互相加乘；或者實行 O2O（Online to Offline）行銷策略，透過線上宣傳，吸引消費者前往實體店面消費。譬如最近有企業推出一項服務，讓顧客在試穿衣服時，只要在試衣間內掃描衣服上的電子標籤，便可透過鏡子觀看商品的說明影片。這就是一種將反展廳現象應用在線下賣場的例子。另一方面，某些公共區域會貼有食材店面圖樣的壁紙，設置虛擬店面，讓消費者用 app 在虛擬店面購物。這就是一種將展廳現象應用在線上賣場的例子。

◇Uniqlo的全通路化

在Uniqlo的案例中，Uniqlo的目標是讓消費者透過Uniqlo app認知到商品，再到實體門市實際確認商品的樣子。從客戶旅程的角度來說，就是讓網路、app負責消費者的「認知」階段，實體門市負責「觀望」階段。

Uniqlo也推出了讓顧客在指定店面或便利商店領取網路購物商品的服務，這個部分屬於客戶旅程的「行動」階段，同樣也能打破網路購物與現實購物間的隔閡。

與Uniqlo同屬於迅銷旗下的GU，在網路上賣的價格比實體店便宜，故可將顧客從集客力相對較高的實體門市，引導到線上商店。光顧實體門市的客人可能會因為線上商店的折扣，在實體門市內上網購買商品，而這也可以舒緩實體門市的壅擠。我們可以把這想成是GU嘗試將客戶旅程中的「認知」與「觀望」階段皆由實體門市負責，「行動」階段則由線上商店負責。

綜上所述，將網路商店與實體門市無縫接軌後，Uniqlo便實現了全通路化的購物體驗。

第 **9** 章

專欄9-2

往消費端靠近的通路功能

我們在第 1 章中曾提過由 Amazon 所開發，專門用於網路購物的裝置「Dash 鈕」。消費者可在這個小小的按鈕內部輸入自己喜歡的商品，然後將按鈕放在家中任何地方。當消費者想購買這些商品時，只要按下 Dash 鈕，商品就會從 Amazon 送過來。

舉例來說，當我們注意到洗衣粉快用完時，通常我們會到附近的店家或在網路上購買洗衣粉，但如果有 Dash 鈕的話，只要按下按鈕，商品就會自己寄過來。這個鈕的重點在於，它在物理上佔據生活中的某個空間，操作簡單，對於覺得用手機下單很麻煩的人來說相當方便。

除了 Dash 鈕之外，現在已出現許多這種用來取代過去實體門市之部分通路功能的服務。譬如網路服裝商店 ZOZOTOWN 的「ZOZOSUIT」就是可以將自宅轉變成服飾店試衣間的服務。

首先，消費者會收到 ZOZOSUIT 送到家裡的全身緊身衣，再用專用手機 app 拍下全身的樣子，就可以自動量測身材。知道全身尺寸後，在 ZOZOTOWN 購買衣服時，就可降低衣服不合尺寸的風險，可以安心購買。

使用智慧音箱 Amazon Echo，就可以在不操作電腦或手機的情況下，用語音預購商品。故 Amazon Echo 可取代一部份的通路。

在數位社會以前，通路的主角是實體店面。即使到了現在，實體店面仍有很強烈的存在感，不過隨著手機、穿戴式行動裝置、智慧音箱等 IoT 資訊裝置（參考第 5 章）的登場，客戶旅程的認知、檢討、行動等階段已從傳統通路逐漸滲透到我們的日常生活中。

◇全通路化的背景與課題

　　全通路化的背景固然與「智慧型手機等資訊裝置的普及，造成消費者的購物行動多樣化」有關，不過另一方面，附ID的POS所形成的大數據，將大量的顧客資料與他們的偏好與綁在一起，讓擁有這些資料的企業方更能享受到全通路化帶來的優勢。

　　　當顧客的一連串購買行動都在網路上完成時，企業可以觀察到顧客實際上是透過什麼樣的管道購買商品，經歷了什麼樣的客戶旅程。不過，如果顧客的客戶旅程橫跨全通路，在網路與現實之間來來去去，企業就很難捕捉到顧客的客戶旅程。

　　另外，在全通路化普及中的現在，物流的最後一步——將商品送到使用者手上之「最後一哩路」的機制尚不完備，造成許多物流業者的過度勞動問題。為解決這些問題，物流業者陸續推出宅配Box、便利商店取貨等方案（參考第14章）。下一章要介紹的共享經濟與3D技術的發展，也是解決物流最後一哩路問題的政策之一。

第9章

5. 結語

本章透過Uniqlo的案例，說明零售業者轉型成直接銷售模式之製造零售業者的過程，接著也提到了為適應數位社會而進行的全通路化。在企業的努力與技術的發展下，全通路化後的顧客在認知、觀望、行動、推薦等各階段的客戶旅程中，已可在網路與現實間自由來去。這代表消費者購物時有更多選擇。

這種的發展下，過去顧客購物時花費的交通費、時間、勞力等成本也能大為減少，節省下來的成本可花費在其他事物上。不過，全通路化也會產生其他問題，理想能否成為現實，還是個未知數。

？深入思考

①試思考Uniqlo轉換成直接銷售模式後的優缺點。

②試思考讓人想買的商品有哪些特徵，會透過哪些通路販賣。

③考慮到未來的社會變化，試思考各通路的未來發展。

進階閱讀

☆若想深入研究全通路，請閱讀

　角井亮一《オムニチャネル戰略》日經文庫，2015年

☆若想深入研究通路戰略，請閱讀

　V. Kasturi Rangan，Marie Bell《Transforming Your Go-to-market Strategy: The Three Disciplines of Channel Management》Harvard Business Review Press，2006年

第**9**章

第 10 章

通路策略的延伸：Uber

第1章
第2章
第3章
第4章
第5章
第6章
第7章
第8章
第9章
第10章
第11章
第12章
第13章
第14章
第15章

1. 前言

各位常搭計程車嗎？或許我們日常生活中不常搭計程車，但在出國旅行時，譬如從機場移動到飯店，通常就會搭計程車了吧。這時候，如果是有好好閱讀旅遊介紹的人，就會注意不要被奇怪的人拉去乘坐非法的「白牌車」，因為可能會被要求多付一些不合理的乘車費用。

雖說如此，即使搭上合法計程車，還是會讓人感到一絲不安。運氣好的話，車子可能會直達我們的目的地；運氣不好的話，可能會繞遠路。就算抵達目的地，也不曉得小費該給多少。

然而狀況持續在改變。現在的話，「白牌車」可能還比較安全而值得信賴。只要用手機叫車，隨時都可以過來載人。行車路徑與費用一開始就知道了，也包含了小費。不僅如此，乘客還可以從網站上看到司機過去的評價。

近年來，共享經濟、共乘服務等新型態的商業模式開始在世界各地蓬勃發展。當初幾乎沒有人想得到，這種共乘服務會發展成那麼大的市場。就連創業的那些人，一開始也都以為這種特殊商業模式，頂多只能在限定區域成立而已。

本章將會介紹這種新型態服務，並從中學習通路策略的延伸。數位社會的發展，不只提高了各種通路的方便性，也促進更多人參與其中，改變了通路本身的型態。

2. Uber

◇Uber概要

2009年，Uber科技（Uber）成立於美國舊金山，提供汽車叫車載客服務。不只計程車公司可以接案，個人也可以接案。在2015年以前，Uber從創投公司獲得了約8,610億日圓的投資。2016年時的交易金額達2兆1,700億日圓，營收達7,060億日圓。不過，由於擴張策略下的積極投資，使Uber科技的淨利為負3,040億日圓。不只Uber大獲成功，Lyft、中國的滴滴出行等公司也陸續加入市場，在世界各地提供類似的共乘服務。

Uber可媒合想提供汽車的人，以及想搭乘汽車移動的人。簡單來說，使用Uber的話，任何人都可以提供包車或計程車服務。想搭乘Uber的人可先透過app設定目的地，接著app會自動在附近尋找已註冊的Uber車，使用者確認價格與司機資訊後，便可預約該司機。司機會根據位置資訊，挑選預約的乘客，再把乘客送至目的地。乘客在搭上車前就已經知道路徑，移動時也可以確認目前走到哪裡。乘車費用最初便已確定，並透過app支付，故在車上不需拿出現金交易。

Uber於2012年起開始在日本提供服務，之後與既有的計程車公司合作，在東京都心提供包車與計程車服務。接著在2016年，與東京都心及橫濱的1,000家餐廳合作，開始經營外送服務「Uber eats」。後來Uber eats也陸續在世界各地開始營運。加入Uber eats後，任何人都可以註冊成為外送員，提供外送服務。而使用者的操作方法與叫計程車的程序幾乎相同，首先，使用者會在app上選擇

第10章

想吃的食物，按下訂購鍵。然後，接下訂單的餐廳就會開始徵求可以外送的人。店家決定外送員後，該外送員會到店家拿取餐點，送到訂購的使用者手上。Uber eats的支付也是在app上完成，所以使用者拿到餐點時，不需支付現金。

◇Uber的成長與挑戰

Uber提供的服務相當吸引人，但其實Uber的成長歷史充滿了與既有規定及既有業界的抗爭。2009年Uber開發出了app，2010年開始於舊金山區域提供包車服務。雖然很受歡迎，Uber卻在10月時遭舊金山市主管機關下令停止服務。在當時的舊金山市，要開計程車必須取得執照。然而這個執照有名額限制，要是沒有人退出，就不會核准新人加入。相對的，Uber不需要執照就可以提供包車服務，自然會被既有計程車業界敵視。

受到既有計程車業界的強烈抗議後，做為「創業時的諮詢者」的特拉維斯·卡拉尼克（Travis Kalanick）接下CEO一職，正式開始對抗既有規定。首先，Uber變更在舊金山的公司名稱，從原本的UberCab（計程車）改為Uber，免除了計程車業界的規定。接著，Uber的抗爭登上許多媒體，使Uber的使用者急速增加。之後Uber也在紐約引起了激烈的對抗，不過這次Uber成功讓紐約朝著有利於Uber的方向訂定新規定。不管是舊金山還是紐約，從使用者的角度來看，和車數不足而相當不方便的既有計程車相比，Uber明顯方便許多。Uber走在時代的尖端，所以也比較受到人們歡迎。

一開始，Uber只有專職司機提供服務，後來在看到競爭對手

Lyft的成功後，Uber也跟著推出「任何人都可以當司機」的Uber X。任何人只要有空，就可以用Uber X接案，用自家汽車載送客人。後來Uber陸續在美國各地拓展市場，還把觸角延伸到了巴黎、倫敦等歐洲地區。不過另一方面，卡拉尼克的強勢擴大也在各地區產生許多摩擦，在組織內部也引起了不滿。於是2017年時，卡拉尼克辭職，由原本經營Expedia的多拉・霍斯勞沙希（Dara Khosrowshahi）接手新任CEO。

◇支撐著Uber的技術與運作機制

　　支撐著共享服務與共乘服務的是以手機為核心的數位社會發展。當初，因為AT&T的網路還很慢，剛在iPhone上架的Uber服務仍難以順暢運行。原本Uber想像的是電影007般的世界。電影中，主角追蹤的敵方汽車會即時顯示在畫面上，那麼計程車上能不能用手機即時顯示出乘客的位置呢？於是Uber配發iPhone給司機，當司機啟動app之後就可以接受乘客預約。在這之後，網路速度越來越快，智慧型手機與app成為每個人必備工具，於是Uber服務也跟著急速擴大。

　　如同我們一開始介紹的，搭乘Uber時，可有效避開搭乘陌生汽車時可能遭遇的風險。預約Uber時，可以查看司機過去所累積的評價。對司機來說，因為自己的服務會被評價，而這個評價會影響到下一次預約，故會努力提供較好的服務。對顧客來說也是一樣的情形。就這樣，Uber靠著數位方法解決搭乘陌生人的車子時可能遇到的風險，成功提升了服務品質。

第 **10** 章

　　數位社會的發展也推動了商業模式的進化。舉例來說，Uber進入紐約市場時，導入了尖峰動態定價（surge pricing）機制，依照想找計程車的人數與司機數量，也就是需求量與供給量，動態調整車資（即動態定價，參考第7章）。舉例來說，當想找計程車的人很多，司機卻很少時，便會調高車資。隨著價格的提高，需求量會變少，供給量則會增加，進而使需求與供給達成平衡。一開始，價格變動區間的上限訂為一般車資的2倍，且為手動調整。然而這麼做很難讓需求與供給完全達到平衡，於是後來導入了自動價格設定系統。導入這個系統時，車資曾在72小時內衝到7倍之高，引起了很大的混亂。即使如此，在特定的時間帶支付較高車資給司機的尖峰動態定價機制，確實使供給量提升了70%至80%，也讓不被承接的委託比例降至三分之一，故後來Uber也持續使用這個機制定價。

　　不只是計程車，共享經濟也逐漸擴散到其他領域中。譬如Uber eats就是共享外送服務。類似機制也開始在宅配便、物流等配送服務上看到。或許在不久的將來，將包裹送到我們家門前的就不是宅配業者，而是一般陌生人。

3. 消費者間交易

◇消費者間交易的運作機制

　　數位社會中，不只生產者與消費者之間會進行B2C交易，消費者與消費者之間的C2C交易也相當活躍，這又特別稱做消費者間交易（參考第8章）。譬如網路拍賣與二手市場就是典型的消費者間交易，而消費者提供汽車接送服務的Uber也包含在內。這種交易從很久以前便已存在，然而規模限制在一定範圍內。隨著數位社會的發展，我們周遭的消費者間交易越來越頻繁，成為了一個很大的市場。傳統的消費者間交易中，流通管道僅由專門業者負責；進入數位社會後，一般人也承擔了一部份的流通管道。這種現象稱做共活化（Communal activation）（參考第4章）。

　　談到消費者間交易時，原本最熱門的話題是以數位財為對象的P2P（Peer to Peer）服務，這是一種C2C交易。第一世代的P2P服務是1999年登場的音樂共享網站，Napster。Napster可以讓使用者分享自己擁有的音樂，任何人都可以自由下載這些音樂。儘管Napster是因為違法複製的問題而終止服務，然而Napster也確實存在技術上的問題。Napster需集合管理每個使用者分別擁有的音樂，將其製成目錄（index），然而這麼做有技術上的極限。當蒐集到的目錄失效時，使用者間就無法共享音樂。

　　相較於此，之後登場的第二世代P2P服務Gnutella不只將資料分散管理，就連目錄也分散開來，由各使用者保管、共享，這種P2P服務機制一直延續到了今日。虛擬貨幣（參考專欄 8-2）也是以類似機制做為基礎，除了共享目錄之外，也用到區塊鏈技術，將匿名

第 **10** 章

專欄10-1

3D技術

　　進入數位社會後，顯示、製造實物的技術陸續出現。其中最受矚目的就是可以將實物轉變成數位資料帶著走的 3D 列印與 3D 掃描技術。3D 列印機和掃描機可以讀取設計圖或立體實物的資料，並用樹脂重現出原形。現在要製作出複雜的立體實物，已不是什麼難事。國外甚至因為被用來製作槍枝而造成社會問題。未來 3D 列印機可能會越來越普及，成為一般的家電。一般人只要在網路上購買設計圖資料，就可以在自家用 3D 列印機印出實物。

　　另一方面，VR 與 AR 技術也可以讓人用虛擬的方式顯示出實物。VR 的例子如 SONY 的 PlayStation VR 或 Oculus Rift，戴上眼鏡後就可以進入虛擬世界。除了遊戲應用之外，在醫療領域也可以用 VR 模擬手術，相關技術正陸續實用化。相對的，典型的 AR 技術則用在行動裝置的擴增實境。譬如 Pokemon Go 中融入現實風景的動畫，或者像 Google 翻譯那樣，用日語蓋住現實中的外語招牌或外語菜單。這方面的應用也在日漸進化中。

　　不論 VR 或 AR，都是在顯示器上顯示出來的虛擬空間。類似的技術還包括用全息投影投射出來的立體影像，或是像初音未來演唱會那種用透明螢幕表現出立體感的演出方式。

　　當然，這不代表我們可以立刻製作出任何立體實物，考慮到成本，通常還是既有方法比較實際。不過我們可以猜想得到，隨著新技術的登場，資訊流通管道也會逐漸改變。

的交易記錄分散開來，由各用戶共享，提高交易的信任度。

有實體的有形財也可以是消費者間交易時的交易對象。譬如網路拍賣的先驅，今日仍相當活躍的eBay、Yahoo!拍賣等，就有很多商品上架。書和電腦等產品自不必說，就連汽車、房子等大型產品，也可透過消費者間交易買賣。同樣的，近年來人氣高漲的Mercari上也有許多產品交易來去。舉例來說，就有不少人會用Mercari來買賣教科書。未來人們或許還會用3D列印機、掃描機製作出各種實物，再直接寄送給消費者，如專欄 10-1所示。

不過，在匿名性高的網路服務平台上，買家與賣家之間的知識差異容易造成資訊不對稱。此時，買賣雙方不只會因為擔心風險而不交易，還會有逆選擇的現象，避免選擇高品質的服務，使整體服務品質下降。因此，經營消費者間交易平台時，如何保證交易的可信任程度，是個重要的課題。譬如說，Uber會將司機的資訊與移動路徑顯示給乘客看，使乘客認為該服務值得信任。

◇支撐著消費者間交易的重點

一般來說，支付系統、互相評價、第三方機關認證，是支撐著消費者間交易的三個重點。首先，支付系統應能確保買方有付款、賣方有收到款（參考第8章）。早期的網路拍賣中，得標後買方需先支付款項，待賣方確認收到款項後，再寄送得標商品。這種機制下，有時會發生付錢後沒收到商品，或者收到的商品與預期中不同等問題。因此現在這種透過拍賣平台業者轉介的支付系統，較受到使用者的信任。

　　第二項的互相評價與第一點有類似的作用，都可以讓交易雙方一定程度上確認對方的資訊。通常，買方會想多瞭解賣方的資訊，賣方也想多瞭解買方的資訊。過去這些資訊來自雙方的買賣記錄與評價記錄。今天，除了上述紀錄之外，雙方還可以透過社群媒體對方的朋友關係，並藉由這些資訊提高自身的信用程度。

　　最後則是認證。除了提供服務的業者之外，政府等第三方機關的認證也相當重要。譬如當交易發生問題時，有沒有保險可以彌補之類的，最好能有一套完整的制度來保護交易雙方。

4. 共享經濟

◇共享經濟的特徵

在平台能夠擔保信用後，消費者間交易變得越來越活躍，使購買或擁有物品的概念出現轉變。在購買必要產品或服務後，除了自己能用之外，在自己沒有用到的時候，還可以借給別人使用，或者是與別人共用，也就是所謂的共享（sharing）。一般交易時，賣方會將物體的所有權轉讓給買方；共享時，物體的所有權不會改變。共享還可分成多種不同形式，由共享行為衍生出來的新經濟型態就稱做共享經濟。

共享經濟本身從很久以前開始便已存在。譬如家人共用一個房子與車子，就是我們熟悉的例子。孩子們借住在雙親購買的房子內，共用家具，沒有人會覺得奇怪或提出抱怨。家人生活時共用各種東西可說是理所當然的事。在進入數位社會後，這種想法可以再擴展到其他人身上。

相對於二十世紀的過度消費（hyper consumption），有人說共享經濟是二十一世紀特有的協同消費（collaborative consumption）。在過度消費的時代中，人們大量生產、大量消費，且廣告扮演著很重要的角色。相對的，共享時代中的協同消費，重視的則是社群的評判。而且貨物的通路也在改變。過度消費時代中，人們積極建構寬而短、可以有效率地輸送大量產品的通路；而在協同消費時代中，這種有明確路徑的通路不再那麼重要，相對的人與人之間的聯繫本身就具有通路的功能。

共享經濟通常被定位在市場經濟與贈與經濟之間的位置。市場

第10章

經濟常出現在我們的日常經驗中，就是商品與金錢之間的對價交易，可用既有的通路理論解釋。相對的，贈與經濟的對價（代價）並不明確。家人之間互相借用物品，或者是送朋友禮物等，皆屬於贈與經濟。贈與經濟中的對價可以是實物或金錢，但也可以是「心情」。當然，要明確區分出兩種經濟模式的差別並不容易，同類型的服務也可能分屬不同的經濟模式。以籌資為例，創投公司與投資家之類的天使投資人，通常會要求明確的獲利，比較偏向市場經濟；另一方面，Kickstarter之類的群眾募資（參考專欄 8-1）則是以能夠引起共鳴的企劃，吸引想為團隊加油的人加入，比較偏向贈與經濟。

◇以提供共享服務為目標的產品與服務

以Uber為首的共乘服務讓消費者之間可彼此交易汽車的移動服務。類似的服務還包括提供自家住宅給旅行者住宿的Airbnb等等。隨著數位技術的發展，現在好像甚麼都能共享，但實際上，易於貸出的財貨或讓人想借入的財貨都有某些共同特徵。換句話說，有些東西適合共享，有些卻沒那麼適合。

我們可以藉由分類網格（Mesh grid），將事物依照其資產價值與使用度分類（圖10-1），藉此判斷這些財貨是否適合共享。Mesh是網格的意思，有緊密配合，相互協調之意，亦可做為共享的代稱。資產價值可以想成是價格的高低。汽車與住宅的資產價格很高，相對的，日用雜貨的資產價格較低。而資產使用度則表示日常生活中有多常用到這些資產。住宅通常每天都會用到，不過汽車就

專欄10-2

租借與共享

　　租借的概念與共享類似，日語中的「共有」與「借りる」也有類似的意思，不過我們可以從所有人是誰來分辨租借與共享的差別。以 TSUTAYA 這種提供 CD ／ DVD 租借服務的企業為例，TSUTAYA 會先購買顧客可能想借的音樂 CD 或影片 DVD，然後租借給顧客。而租借 CD 或 DVD 的顧客需在期間內歸還。相對的，Uber 這樣的共享模式中，企業本身並不擁有汽車，擁有汽車的是做為司機的消費者，然而 Uber 與司機之間並非勞雇關係，Uber 只負責媒合司機與乘客。

　　雖然以前租借與共享是不同概念，但目前成為熱門話題的「共享服務」，就同時包含了這兩個概念。舉例來說，Zipcar 是一家提供車輛共享服務的公司，卻與 Uber 有明顯差別。Zipcar 的營運公司會租賃或購買汽車，並租用停車場停放汽車。這樣的營運模式與過去的租車服務十分相似，不過隨著時代的演變，以及數位產品的活用，現在這種租車服務已被視為共享服務的一種。在日本，Careco 與歐力士也在經營類似的服務。

　　分析共享服務時，最重要的並不是區分它是租借還是共享，而是消費者與該商業模式的主幹部分牽扯多深。譬如 Uber 或 Airbnb 就是消費者與商業模式主幹有密切相關的例子，即使是 Zipcar，消費者也需在一定程度上保養好汽車、補充汽油，讓下一個消費者可以直接使用。

第 **10** 章

【圖 10-1　分類網格】

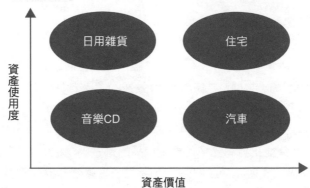

出處：本書作者參考麗莎‧甘絲琪（Lisa Gansky）（2011）的著作繪製

不是24小時都在使用。而適合共享的財貨常是資產價格高、對多數人來說為必要財貨，且資產使用度沒有那麼高的東西。所以，Uber的汽車相當適合共享。

　　當然，就像Airbnb可以讓使用者共享住宅或房間一樣，如果是價值相當高的住宅，那麼應該會有幾個空房或暫不使用的獨立房屋，若能整理好這些空間，就可以與他人共享。相反的，即使資產的價值沒那麼高，只要使用度很低，或者分享方便，就可以像共享音樂一樣與許多人分享。

5. 結語

本章中介紹了能讓人與人之間彼此相連的新型服務機制，可視為通路策略的延伸。隨著數位社會的發展，這種新式服務、新的商業模式會變得越來越理所當然。不過，與傳統通路不同，這種以一般人之間的合作所形成新的新型通路，仍伴隨著各種風險。Uber是很有魅力的服務，但我們並不曉得Uber能發展到什麼程度。

即使如此，我們仍很難想像消費者間交易或共享經濟完全消失時會是什麼樣子。傳統通路與新型通路應會反覆出現競爭與協調的情況，然後分別演化出新型態的通路。消費者只要在使用這些通路時，留意其風險並享受其方便性就可以了。另外，如同我們之前提到的，消費者自己也可成為通路的一部份。這正是數位社會中才有的選擇。另一方面，從企業行銷的觀點來看，也必須市場通路出現了新的選項。

第 10 章

❓深入思考

①試思考消費者間交易與共享服務的特徵。

②試思考消費者間交易與共享服務的具體例子。

③試思考今後日本的消費者間交易與共享服務會發展到什麼程度。

進階閱讀

☆若想深入研究Uber或Airbnb的發展，請閱讀

Brad Stone《The Upstarts: Uber, Airbnb, and the Battle for the New Silicon Valley》Back Bay Books，2018年。

☆若想深入研究共享的意義與相關商業模式的可能性，請閱讀

Rachel Botsman、Roo Rogers《What's Mine Is Yours: The Rise of Collaborative Consumption》Harper Business，2010年

第 11 章

推廣策略的基礎：
Lawson 員工 Akiko chan

第1章
第2章
第3章
第4章
第5章
第6章
第7章
第8章
第9章
第10章
第11章
第12章
第13章
第14章
第15章

1. 前言

在Amazon上尋找某個商品後，該商品的廣告就會頻繁出現在自己的SNS上。想必您應該也有過類似經驗吧。或者當您在YouTube上找到想看的影片，按下播放鍵後，第一個播放的廣告常讓您覺得特別有趣，會不知不覺看到最後。

這些都是企業活用網路向消費者實行推廣策略（promotion strategy）的常見例子。所謂的推廣策略，指的是企業向消費者傳達產品的價值，說服消費者購買的活動。從很久以前開始，推廣策略就與產品策略、價格策略、通路策略同屬於行銷策略的重要要素。即使產品相當有魅力、價格合理、用恰當的通路販賣，如果企業沒有辦法將產品的魅力與價值傳達給消費者的話，消費者也不會想要購買這項產品。

推廣手法包括廣告、促銷、面對面銷售、公共關係等。傳統行銷中較重視的是透過以電視為首之主流媒體的廣告活動。但如前所述，近年來的數位行銷使用的方法已不限於這些傳統手法，也會利用網路、SNS等新媒體積極展開推廣活動。

本章將以活用網路推廣活動的案例，體制性地學習推廣活動的目的與手法。

2. Lawson員工 Akiko chan

◇開設了SNS帳號的「Akiko chan」

　　2010年春天，LAWSON設立了Twitter官方帳號。然而LAWSON此時在Twitter上貼出的內容並不是新商品或活動的資訊，而是宣布舉行「Akiko chan」的插圖比賽。LAWSON提供的資訊包括「Akiko chan是在八王子LAWSON上晚班的大二女性工讀生」，以及背影插圖，然後在網路上徵求正面插圖。後來LAWSON收到約900件作品，經審查後從中選出一個「Akiko chan」，並將官方Twitter的頭像換成了中選的插圖（照片11-1）。在這之後，LAWSON也在Facebook、Instagram、LINE陸續設立官方帳號，讓「Akiko chan」在這些網路社交平台上登場。這些帳號的追隨人數隨時間逐漸增加，到2018年時，官方SNS帳號的追隨總人數已達2,800萬人。

　　像是「Akiko chan」這種代表企業的虛擬角色稱做「企業形象人物」（專欄 11-1）。「Akiko chan」會以企業形象人物的身分，在各個帳號告知新商品或活動（照片11-1）。不過，因為不同的消費者，想知道的資訊、關心的事物也不一樣。因此，LAWSON在不同的SNS，會依照該SNS的特性改變貼出的內容。舉例來說，和其他SNS相比，Instagram的20～40歲的女性使用者較多，故Akiko chan會在Instagram貼出較多有關甜點的資訊。

第 **11** 章

【照片 11-1　Lawson 員工　Akiko chan 與 Akiko chan 的 Twitter】

照片：LAWSON提供

　　LAWSON究竟是如何管理代表他們企業的「Akiko chan」的呢？多數企業會委派特定部門的特定職員來管理他們的企業形象人物。不過，如果只交給一位職員，當他離職、職位異動導致管理者改變時，企業形象人物的發言或形象也可能會產生變化。為了防止這樣的變化，LAWSON製作了一份操作手冊，詳細規定了企業形象人物發文時應有的文字數、語調、可使用的表情文字等等，且在「Akiko chan」發表訊息之前，需給公司內100名以上的員工閱覽，讓組織全體能一起經營「Akiko chan」。

專欄11-1

企業形象人物

如同我們在 LAWSON 案例中提到的，近年來，企業形象人物漸受注目。所謂的企業形象人物，指的是做為企業代表人物使用的虛擬角色，該角色的性別、年齡、嗜好、性格都有詳細設定。近年來，許多企業都有它們自己的企業代表人物，除了本章提到的 LAWSON Akiko chan 之外，還有伊藤火腿的火腿係長、Yamasa 醬油的 Yama 桑、保聖那的 Pinyo 等，都是在 SNS 上活躍的企業形象人物。企業形象人物的主要優點如下。

第一，有說服力。發送訊息者的魅力越高，該訊息的說服力就越高，這是從很久以前開始就廣為人知的原則。對消費者來說，由企業形象人物這種很有魅力的角色發送出來的訊息，會比企業自己發出來的訊息還要有說服力。

第二，有防止炎上（譯註：在網路上集中批評某個對象，類似台灣的網路霸凌）的效果。對於消費者來說，企業形象人物並不是「企業」，比較像是有魅力的「個人」，因此企業帳號比較不容易炎上。即使發生炎上事件，也會有願意出來護航、幫忙說話的消費者。另外，要是企業宣傳時起用的著名代言人有什麼負面消息，可能會損及自家品牌的名聲。不過企業形象人物不會有這些負面消息，也不會老化，故企業可放心持續請他們代言。

第三，企業形象人物可帶動組織內的交流。企業形象人物常受到跨部門、跨立場的眾多員工喜愛，可促進組織內部成員建立起良好的關係。

另一方面，經營企業形象人物時也有該注意的地方。譬如企業形象人物的嗜好與性格，可能會因為管理者的不同而略有改變。要是企業形象人物發出來的訊息內容，脫離企業形象的話，可能會讓企業形象人物失去魅力。因此，經營企業形象人物時，管理者必須確實管理，定出明確的規則才行。

第 **11** 章

◇「Akiko chan」功能的發展

「Akiko chan」剛實裝時，公司規定，當有消費者在SNS上詢問問題，Akiko chan一律不准回答。到了2016年9月，LAWSON運用微軟人工智慧（AI）的「玲奈」，讓Akiko chan仍在LINE上與個別的消費者對話。舉例來說，當消費者說「我肚子餓了」時，Akiko chan就會很自然地回答「啊，剛好這裡有些飯糰，要不要試試看呢？」。

導入AI系統後，實施問券調查就必得容易許多。一般來說，當企業送來問券調查時，一般民眾通常會覺得回答問卷是件麻煩的事而不理不睬。不過，當AI「Akiko chan」詢問「你喝過最近推出的商品了嗎？」的時候，許多消費者就會反射性地回應。2018年時，還在LINE上提供了與「Akiko chan」對戰將棋的功能，讓消費者與電腦將棋程式對戰，後來也有許多消費者在Twitter上貼出與「Akiko chan」的對戰結果。

◇「Akiko chan」的效果

通常，企業用SNS帳號發送某些訊息時，主詞會是「敝公司」或「本店」，對一般消費者來說，這種說話方式既僵硬又有種距離感。LAWSON的SNS帳號卻是從「Akiko chan」這個20多歲的女性打工學生的角度發送資訊。

舉例來說，當公司在Twitter上宣傳新發售的果凍甜品時，Akiko chan可能會貼出「這是粉紅色的『櫻花香果凍』，很可愛吧♪。搖動時會晃來晃去的，看起來就更可口了(^^)」這樣的文章。和從企

業角度貼出來的一般文章「敝公司的新果凍開始發售了，十分軟嫩，請各位務必試試看」相比，哪邊比較有親切感，比較能吸引人購買，應該一目瞭然吧。

　　從企業形象人物「Akiko chan」的角度發出有親切感的訊息，可以加深消費者對「Akiko chan」的喜愛、想支持她的感覺，進而提高對LAWSON的忠誠度。而且，當Twitter上出現「這商品多少錢？」的推文時，雖然「Akiko chan」會因為規定而不回應，卻有其他使用者會代為回答。

　　「Akiko chan」不只對消費者有效果，對員工也很有效果。LAWSON在全日本各地都有連鎖店，「Akiko chan」在設定上是LAWSON的工讀生，對於各店的店長與工讀生來說很有親切感。因此工讀生在製作店面手寫海報時，會主動加上「Akiko chan」的名字，或者親自描繪Akiko chan的插圖，與其他工讀生分享這個角色。

　　工讀生會以每個人都熟悉的「Akiko chan」為靈感，發揮創意製作手寫海報，使其成為工讀生之間的熱門話題。由此可見「Akiko chan」的登場，也有效提升了店員們的工作動力。

第11章

◇活躍於「Lawson研究所」

SNS可以用簡單的訊息向廣大的消費者有效宣傳商品，但另一方面，也無法控制一般人獲得資訊的時間地點。新訊息發布時，舊版本的訊息可能還在流傳中，進而產生各種問題。於是，LAWSON為了讓消費者能仔細閱讀豐富的資訊，在一般的官方網站之外，設立了「LAWSON研究所」這個網站（照片11-2）。這裡除了有「Akiko chan」之外，她的哥哥也在此登場。由於哥哥不是LAWSON員工，所以發布的訊息可涉及更多領域。

「LAWSON研究所」會用部落格的風格發表文章，每個訪客都可以照著自己的步調，閱讀自己喜歡的文章。這裡不只有新商品的資訊，也會用時事通訊的形式報導商品的相關資訊（照片11-3）。每篇文章中，都設定「Akiko chan」和她的哥哥是研究所的研究員，他們會針對各主題做出簡報。不過他們不只是簡報，也會不著痕跡地在文章中提及各種相關商品與活動。

3. 三媒體

　　如同我們在案例中看到的，企業會運用自家公司網站、Twitter、LINE等各種媒體與消費者交流。要理解運用這些媒體的策略，就必須先瞭解三媒體的概念。三媒體為付費媒體、自有媒體、無償媒體的組合。三種媒體各有各的特徵，卻也非完全獨立。如圖11-1所示，三個圓彼此重疊，一個媒體可能有多種特徵。舉例來說，某個企業的網站可能會刊登其他公司的廣告，故同時具有自有媒體與付費媒體的特徵。

　　三媒體可分別作用在客戶旅程不同階段的接觸點。付費媒體主要作用在認知階段，自有媒體主要作用在觀望、行動階段，無償媒體則常可作用在認知、觀望、行動、推薦等所有階段（參考第2、4章）。

【圖 11-1　三媒體的概念圖】

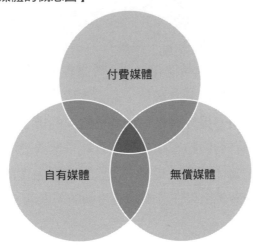

◇付費媒體

所謂的付費媒體，指的是企業需支付費用才能使用的媒體。在數位行銷中，除了電視、報紙、雜誌、廣播等傳統主流媒體之外，網路上的廣告活動也相當重要。展示型廣告（display advertising）就是代表性的網路廣告方式。舉例來說，點擊Yahoo! JAPAN或價格.com等網站上的展示型廣告時，會連結到該商品的網站。由於這種廣告方式接觸到的使用者層面很廣，故常用在客戶旅程中的認知階段，提高產品的認知度、引起消費者的注意或關心、引導消費者前往特定網站。

關鍵字廣告也是一種常見的付費媒體。所謂的關鍵字廣告，指的是當消費者在網路上輸入某個關鍵字執行搜尋時，位於搜尋結果旁的企業或產品廣告。各位可試著連上Google，搜尋「電腦」（圖11-2）。Google列出的搜尋結果中，標題前面有〔廣告〕標示的網站就是關鍵字廣告。

有時企業會試著將網站的內容或關鍵字最佳化，盡可能提升該網站在搜尋結果中的排名，這種行為稱做SEO（Search Engine Optimization，搜尋引擎最佳化）。一般來說，企業若想要提升自家網站在關鍵字廣告中的刊登順位，必須支付一定費用給搜尋引擎。不過如果是藉由SEO提升網站在搜尋結果中的排名，便不需要支付這個款項。SEO有個優點，那就是能有效率地讓網站在目標客群前曝光。不會有人每天都購買電腦，故企業可藉由實行SEO，有效率地讓販售電腦的廣告出現在計劃購買電腦的人面前。

　　近年來，在YouTube等網站播放影片時，開頭1～2分鐘會播放影片廣告；某些電子郵件雜誌內也會插入數行的電子郵件廣告。這些廣告都是關鍵字廣告的應用。

【圖 11-2　關鍵字廣告與 SEO 的範圍】

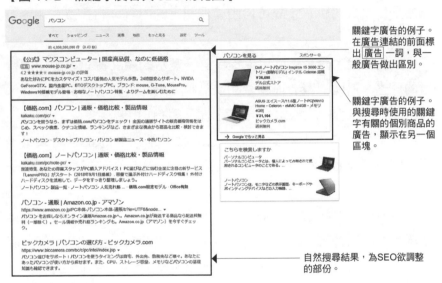

關鍵字廣告的例子。在廣告連結的前面標出 廣告 一詞，與一般廣告做出區別。

關鍵字廣告的例子。與搜尋時使用的關鍵字有關的個別商品的廣告，顯示在另一個區塊。

自然搜尋結果，為SEO欲調整的部份。

出處：Google與Google logo為Google Inc.的註冊商標。本書作者已獲得使用這個商標的許可

第11章

◇自有媒體

自有媒體指的是企業本身擁有的媒體。實際例子包括自家公司的電腦網站或手機網站，以及Facebook、Twitter、LINE等SNS上的企業帳號頁面。「Akiko chan」的案例就屬於這個例子。因為這種媒體是自家公司所有，故可自由管理訊息的內容、刊登方式、更新頻率等。

舉例來說，企業網站可以提供許多豐富的產品資訊以解決消費者的疑惑、幫助消費者理解產品或品牌、幫助消費者購買商品等，通常在客戶旅程中的觀望、行動等階段發揮作用。

近年來，為了與消費者交流而開設行銷網站的企業越來越多了。譬如刊登活動資訊、新產品資訊的「LAWSON研究所」就是一個例子。

能進行雙向推廣，是SNS的一大特徵。企業在SNS上的官方帳號頁面中，消費者可以按「讚」表示喜歡或贊同，也可以留下「評論」，寫出自己的感想與意見，方便企業聽取消費者真正的聲音。企業不只能藉由這種方式告知消費者新產品的資訊或活動，也可以和消費者建構起心理上的連結與關係性。

通知自家企業的活動資訊、優惠券資訊的app，也是自有媒體的例子。

◇無償媒體

消費者會在價格.com、@cosme等比較網站、個人部落格、個人Twitter上，寫下各種與產品有關的評論。此外，消費者之間還可以用各種方式分享、推廣與企業有關的資訊，譬如將與「Akiko chan」的將棋對戰結果上傳到自己的Twitter上。如同我們在第12章中提到的一樣，消費者在網路上與其他消費者討論產品資訊時，也會評價該產品的好壞。從企業的角度看來，這也是一種廣告的方式。在數位行銷領域中，讓消費者進行這種活動的媒體，就屬於無償媒體。

三媒體中，無償媒體是消費者最為信任的媒體，從認知到推薦的每個階段中，都會影響到消費者的購買意願。因此，企業必須掌握無償媒體上的資訊，時常傾聽與自家產品有關的訊息。

不過，使用無償媒體時還有一些重點要特別注意。譬如說，企業沒辦法控制媒體上的訊息內容與傳播方式，故無償媒體上不是只有正面評論，也可能會有不符事實的資訊、毀謗、重傷等負面評論在無償媒體上流傳。

第 11 章

4. 內容行銷

推廣策略包括使用付費媒體的電視廣告、平面廣告，以及使用付費媒體與自有媒體的內容行銷。這兩種推廣行動中，重要的不只是媒體種類（「如何」傳遞訊息），內容（傳遞「什麼樣的」訊息）也很重要。本節就讓我們試著理解什麼是內容行銷吧。

◇什麼是內容行銷

所謂的內容行銷，指的是將讓人覺得「很有趣」、「符合自己需要」、「看起來很有用」的內容，透過自有媒體提供給觀眾，藉此提升產品口碑或促進消費者間對話的行銷方式。

內容行銷中最重要的是故事性。譬如「LAWSON研究所」的文章，就像是「Akiko chan」與她的哥哥前往現實世界取材，再將結果報導出來一樣，擁有一定的故事性。而在說故事的過程中，不著痕跡地推廣新產品、提供新活動的資訊，是內容行銷的一大重點。

除了這樣的文章外，像是app或短片也可用於內容行銷。譬如某些旅遊網站會將旅遊目的地的資訊以電子郵件雜誌的形式寄給消費者，並以AI協助消費者規劃行程。

◇內容行銷漸受重視的背景

為什麼內容行銷會越來越重要呢？這是因為，媒體環境出現了很大的變化。過去，不管行銷內容有沒有魅力，消費者都無法選擇自己看到的廣告。然而，在消費者能主動透過網際網路蒐集資訊的

專欄11-2

YouTuber

「未來想做哪個職業呢？」各位在國中的時候會如何回答這個問題呢？以前，日本男孩的常見答案是「運動選手」、「醫師」，不過這樣的答案在最近出現了變化。由 SONY 生命保險在 2017 年發表的調查結果，國中男生未來想從事的工作中，第三名是 YouTuber。所謂的 YouTuber 指的是在 YouTube 上張貼影片，並以此為主要收入的人們。他們的年收入有時可達數億日圓或數十億日圓以上，故與其他人氣職業並列國中生「憧憬的職業」。那麼，為什麼他們可以靠著拍影片來獲得收入呢？這是因為，觀眾觀看影片時，畫面底下或影片中間會插入廣告。YouTuber 可依照影片的播放次數獲得相應的廣告收入。因此，發布越多人覺得有趣、越多人關心的影片時，YouTuber 的廣告收入就越多。因為熱門 YouTuber 對消費者有很強的影響力，故有越來越多企業選擇和 YouTuber 合作，請他們幫忙推廣，譬如 ZEBRA 與「Hikakin」、LEOPALACE 21 與「Hajime 社長」。

與上傳編輯好的影片的 YouTuber 不同，實況轉播影片的人稱做「實況主」（streamer），他們會透過「Niconico 生放送」、「TwitCasting」、「LINE LIVE」等工具實況轉播運動比賽、音樂會、自己打遊戲的情況。實況轉播時，實況主可以透過評論轉播內容與觀眾交流，並依照觀眾的反應調整直播內容。他們也和 YouTuber 一樣，可以獲得由影片播放帶來的廣告收入。

第 11 章

今天，消費者會優先閱聽「有趣的」、「感興趣」的廣告。看到YouTube上的影片廣告時，如果觀眾覺得「很無聊」，數秒後就可以直接跳掉。換言之，觀眾能在自己想看的時候，觀看自己想看的廣告。在這樣的環境下，企業就不能在行銷時只發送想傳達的訊息，還要符合消費者的興趣，讓消費者覺得這些訊息「和自己有關」才行。

◇內容行銷的實踐

以下讓我們用圖11-3來說明內容行銷的六個步驟。

首先是①設定目標。企業必須先設定一個明確的目標，確認企業想透過內容行銷達到什麼樣的成果，譬如「增加10%的試用者」。再來是②設定目標客群。企業需明確訂出要將內容提供給什麼樣的目標。譬如以年齡、性別、居住區域、心理特性為基準，決定目標客群為哪些消費者。

完成上述準備後，則可進入③內容企劃。在這個階段中，企業需討論該提供什麼樣的行銷內容給消費者。行銷內容的形式有很多種，可以用文字形式寫成新聞通訊、網站雜誌、網路文章，還也可以製作成漫畫、影片、遊戲等視覺素材。不管以哪種形式呈現行銷內容，都必須滿足以下三個條件。第一，有故事性；第二，與消費者的生活密切相關，讓消費者覺得這些訊息對他們很有用；第三，內容與該企業或產品有一定關聯。

【圖 11-3　內容行銷的基本策略】

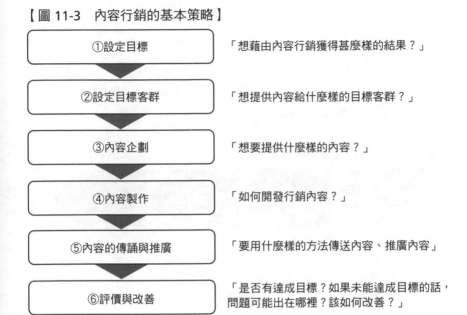

①設定目標	「想藉由內容行銷獲得甚麼樣的結果？」
②設定目標客群	「想提供內容給什麼樣的目標客群？」
③內容企劃	「想要提供什麼樣的內容？」
④內容製作	「如何開發行銷內容？」
⑤內容的傳誦與推廣	「要用什麼樣的方法傳送內容、推廣內容」
⑥評價與改善	「是否有達成目標？如果未能達成目標的話，問題可能出在哪裡？該如何改善？」

出處：本書作者參考菲利浦‧科特勒、陳就學、伊萬‧塞提亞宛（2017年）的著作繪製

　　接著是④內容製作。企業可以自行製作內容，也可以像「Akiko chan」的插圖一樣，由消費者製作。內容製作完成後，就進入⑤內容的傳誦與推廣。這個步驟中可活用自有媒體或付費媒體的特性，希望消費者能幫忙轉推Twitter，或者在Facebook上分享。

　　最後是⑥評價與改善行銷的內容。確認這項行銷活動是否有達成當初設定的目標，要是沒有達成目標的話，試著究其原因，尋求改善。

　　重要的是，設計內容行銷各階段的做法時，必須與各階段客戶旅程彼此結合（圖11-4）。舉例來說，若以沒聽過自家公司產品的顧客為目標，希望他們踏入認知階段的話，就必須製作吸引人的影

第 11 章

片內容,並透過付費媒體,將這些內容傳達給許多人。另一方面,就像使用後會在無償媒體上推薦產品的消費者一樣,企業也可以善用自有媒體,貼出使用說明的影片,或者發送有故事性文章的電子雜誌給正在使用產品的消費者。善用內容行銷,還能借助無償媒體的力量,影響到客戶旅程中的推薦階段。

【圖 11-4 　與客戶旅程的整合】

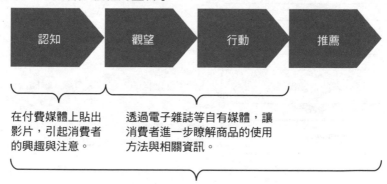

5. 結語

　　本章以Lawson員工 Akiko chan為例，說明了數位行銷推廣策略的基礎概念與思考方式。與傳統推廣策略相比，數位行銷的推廣活動中，行銷人員可採用的手法與策略更為多樣化。

　　雖說如此，本章中提到的概念與用語並不是什麼新的東西。甚至可以說，數位行銷中的基本推廣策略與過去在廣告論教科書中提到的內容有許多共通的地方。譬如說目標客群的設定，以及推廣給不同的目標客群時，需使用不同的媒體及訊息傳遞機制等等，都是過去廣告論中會提到的內容。

　　「使用SNS的推廣策略，以及傳統上使用主流媒體的推廣策略哪種比較有效」之類的討論其實沒什麼意義。每種策略都有各自的特徵，重要的是要正確理解不同策略的優缺點，適時使用適當策略，才能提高達成目標的機會。

第 11 章

❓ 深入思考

①試從目的、方法、內容等角度，思考內容行銷的特徵。

②試思考對於企業來說，三媒體分別有哪些長處與短處。

③試調查LINE、Twitter等SNS上，有哪些企業官方帳號在消費者間有很高的人氣，並思考這些帳號的特徵，以及消費者支持這些帳號的理由。

進階閱讀

☆若想深入研究包括網路廣告在內的推廣策略，請閱讀

　岸志津江、田中洋、嶋村和惠《現代広告論　第3版》有斐閣，2017年。

☆若想深入研究如何活用SNS與客戶交流，請閱讀

　恩藏直人、ADK R3 project《R3コミュニケーション—消費者との「協働」による新しいコミュニケーションの可能性》宣傳會議，2011年

第 12 章

推廣策略的延伸：TripAdvisor

第1章
第2章
第3章
第4章
第5章
第6章
第7章
第8章
第9章
第10章
第11章
第12章
第13章
第14章
第15章

1. 前言

各位在規劃旅遊行程時，會不會有種「既然花了那麼多時間和金錢，這趟旅遊一定要好好玩，一定要好好享受！」的感覺呢？那麼，蒐集旅遊資訊時該怎麼做才好呢？在進入數位社會以前，大部分的人應該會去書店購買旅行指南吧。應該也有人會參考各景點釋出的資訊，或者是有實體店面的旅行社提供的資訊。

不過，進入數位社會後，隨著電腦與智慧型手機等資訊裝置的登場與普及，消費者的旅行模式也跟著產生很大的變化。消費者之間的交流變得更為活躍，當消費者覺得「想聽聽去過的人的意見、評價，再決定要不要去…」時，可在網路上輕易獲得「來自其他消費者的資訊」。也就是說，消費者間的對話、對各景點的評價，已成為消費者主要的資訊來源。

TripAdvisor是評論網站app中，擁有世界最多閱覽數的app。在TripAdvisor等平台登場後的數位社會中，以消費者為主體的資訊傳遞日漸活躍。本章將以TripAdvisor為主題，說明「推廣」這個概念在數位社會中進化成了什麼樣子。

2. TripAdvisor

◇TripAdvisor簡介

TripAdvisor以壓倒性的資訊量，以及用戶基於每天親身體驗的內容寫下的高品質評論，成為許多旅行者的資訊來源，是世界上許多旅行者的愛用app。

舉例來說，若搜尋「夏威夷」，app就會列出全世界的旅客推薦的夏威夷飯店。使用者可以在預約前看到過去曾住過這個飯店的旅客評論，瞭解他們是否喜歡某家飯店、覺得飯店好在哪裡、喜歡飯店的哪些地方等等。

創立這個網站的史蒂芬・考佛（Stephen Kaufer）在規劃旅行行程時，想到了TripAdvisor這個點子。他在訪談中這麼說。

「那大概是在1998年左右，我和妻子正在規劃一趟旅行，尋找住宿飯店。不過我們想看的不是旅遊手冊或旅行社推薦的資訊，而是想聽聽其他旅行者親口評價。於是我們在網路上搜尋了某個飯店的評價，然後找到了某個旅行者的部落格。那個部落格中提到了飯店的優點，也用數位相機拍下了房間照片，說明哪些地方應該要改進。看到那篇文章後，我們認為這不是我們想要的住宿地點，於是選擇了另一個飯店。」

回國後，考佛從這次經驗中思考，只要是旅行者，應該都想在啟程前先瞭解飯店的實際情況才對。於是他開始製作蒐集旅行資料的資料庫，並設立了TripAdvisor。剛開始的TripAdvisor只是一個部落客的集中地，2000年起成為一個評論平台，讓許多旅行者可以在此留下評論。

第12章

◇資訊透明化

到了現在，幾乎所有住宿設施的評論都可在TripAdvisor上找到。隨著TripAdvisor的登場，旅行者選擇飯店的方式也大為改變。就考佛的說法，在TripAdvisor登場以前，旅行者多半會從「旅行前聽取旅行社推薦的飯店」、「旅行時留意道路兩旁的招牌，當場決定要住在哪裡」、「住在有在電視上廣告的大型飯店」等三種途徑決定住宿地點。也就是說，旅行者不是直接聽取其他旅行者的評論，聽到的都是有受到廣告業主影響的資訊。

不過，隨著評論網站的登場，這種情況也有所改變。據考佛的說法，評論網站為旅行業界帶來的最大革新，就是「資訊透明化」。他舉了一個例子說明如下。

「假設我們投宿某個飯店時碰上一些狀況，譬如Check in櫃台前排著長長的等待隊伍、沒有熱水、房間裡有蟲等等。於是我們對飯店管理人大聲咆嘯『這種飯店我不會再來第二次了！』。但對飯店來說，他們只是損失一個客人而已，對他們的營收幾乎沒有影響。就算我們說『我要和我朋友講喔！』也沒用，因為在沒有網路的時代，和別人講幾乎沒什麼殺傷力。不過，現在旅行者可以將自己的經驗寫在TripAdvisor等網站上。每個住宿客所留下的文字評論，都會影響到其他人決定是否要住在這家飯店」。

也就是說，隨著評論網站的登場，消費者可以在任何時候，將自己對該住宿設施的想法、該住宿設施提供什麼樣的服務等「不會在企業廣告中出現的原始資訊」自由傳送給他人，或者接收他人的訊息。

　　順帶一提，TripAdvisor的logo是「貓頭鷹」，它的名字是「Ollie」，眼睛顏色是綠色和紅色（照片12-3）。貓頭鷹通常給人頭腦很好，森林賢者般的印象。「Ollie」則被設定成可以給予旅行建議的貓頭鷹，告訴旅行者那些地方該去，那些地方不該去。綠色眼睛代表「GO」、紅色代表「STOP」。TripAdvisor以「蒐集好壞兩方面之直率意見的公平、公正網站」為目標，活用著這個角色。

◇對消費者與旅遊相關設施的影響

　　由於TripAdvisor擁有豐富且高透明度的資訊，故可提供消費者更多樣化、更好的旅行體驗。只要查看網站上的住宿、觀光、飲食設施資訊，就可以知道那裡大概是什麼樣的地方。TripAdvisor讓消費者可以在一個地方獲得大部分的旅遊資訊。

　　另外，如果搜尋欲拜訪的地區，網站上會顯示出各區域住宿設施的人氣排行，每個住宿設施還會顯示出消費者的評論與一星到五星的評價，故消費者可輕鬆比較各住宿地點的好壞，蒐集到人氣住宿地點、高評價住宿地點的資訊。對於那些沒什麼時間蒐集其他旅行者的評論、排名、星等評價的消費者，或者是不擅長判斷、處理繁雜資訊的消費者來說，TripAdvisor是一個相當有用的資訊來源。事實上，由旅行市調公司Phocuswright在2015年的調查結果顯示，有80%以上的TripAdvisor使用者認為「閱讀其他旅行者的評論後，對自己的旅行安排更有自信，不安感與危機感明顯降低」。這表示TripAdvisor可以為消費者帶來許多正面效果。

第12章

另一方面，對於住宿業者來說，TripAdvisor能夠帶來什麼樣的正面影響呢？消費者的評論是針對設施的直接批評，故對住宿業者來說，是有效掌握消費者需求的工具。若住宿業者想要提升服務品質，TripAdvisor可以說是相當有用的資訊來源。在聽取消費者的聲音，深刻理解消費者的需求，並反映在服務上之後，住宿業者便可與消費者建立起良好關係。

與消費者建立起良好關係後，可以獲得更多正面的消費者評論；提高服務品質後，可以讓排名與星等評價也跟著提升。排名上升後，可以吸引更多人看到這個住宿設施，進而獲得新的顧客，並增加顧客再訪的機會。另外，提升星等評價後，即使調高住宿費，仍有許多消費者想來住宿，故可迴避與其他住宿舍的價格競爭。

因此，TripAdvisor上的評論與排名不只能幫助消費者選擇住宿，也能幫助住宿設施提升服務品質，有許多正面影響。

3. 評論

　　這裡讓我們再確認一次「評論」的定義。所謂的評論，指的是「消費者之間，對於產品或服務的個人間交流」。過去人們會在家庭、學校、職場等場所，和與自己有社會關係的人們日常性地來往，面對面口頭交流。不過近年來，人們開始會在網路上與不特定多數的人們傳遞訊息與照片，這些交流也包括了消費者對各種產品、服務的評論。隨著網路的普及，除了TripAdvisor、@cosme、價格.com等評論網站之外，像是Yahoo!知識＋之類的留言板、部落格、LINE、Instagram等SNS平台上的評論數也呈現飛躍性地成長，重要性也越來越高。

◇消費者評論的動機

　　消費者發出評論的動機大致上可以整理成三點。首先是「自我炫耀的動機」。曾去過某個地方旅行的人，已經體驗過許多當地的美食美景，可能會想要炫耀自己的所見所聞。不只是旅遊，當一個人知道僅少數特殊消費者才知道的資訊，就可以提升自己在團體中的地位。

　　再來是「可幫助他人的利他動機」。旅行常伴隨著不安，特別是前往沒有熟人、初次造訪的海外城市時。在TripAdvisor上貼出經驗談與照片的人們，或許會希望自己貼出來的內容可以幫助他人減少不安感。

　　最後是「覺得評論本身很有趣的動機」。旅行時，對於各種事物的想法、堅持、關心等「參與感」通常也比較強烈，使消費者樂

第 12 章

於寫下評論。

　　另一方面，消費者願意參考他人評論的理由也可以整理成四個。首先是「在知識、能力、正確資訊不足的情況下，難以在事前判斷產品或服務的好壞」。就旅行而言，如果不是實際前往當地，就很難體會到飯店的舒適程度、觀光設施的充實充實程度等。這種「要是沒親身體驗過，就很難做出判斷的服務」，會特別重視他人的評論。

　　第二，「從各種產品或服務中做出選擇時，有一定風險」。風險越高，就會讓人越想尋求其他使用者的評論以降低風險，這點應該相當直觀才對。所謂的風險，包括對產品或服務的期待落空的「功能性風險」；造成金錢損失，或產品、服務的價值比支付金額低的「金錢性風險」；產品造成疾病、受傷而對身體產生不良影響的「生理性風險」；在使用產品、服務後，可能招來周圍人們否定的「社會性風險」；使用產品、服務失敗，損及精神健全的「心理性風險」等。而「旅行」這項產品或服務所造成的各種具體風險，可參考圖12-1。

【圖 12-1　消費者所感受到的風險】

《各種風險》
功能性風險…　對產品或服務的期待落空的風險
金錢性風險…　造成金錢損失，或產品、服務的價值比支付金額低的
　　　　　　　風險
生理性風險…　產品造成疾病、受傷而對身體產生不良影響的的風險
社會性風險…　在使用產品、服務後，可能招來周圍人們否定的風險
心理性風險…　使用產品、服務失敗，損及精神健全的風險

（參考例）「旅行」這項產品或服務所造成的各種具體風險
功能性風險…　飯店房間並沒有像廣告說得那麼好
金錢性風險…　購買的旅行行程在變更、取消後，無法拿回完整退費
生理性風險…　清掃與通風沒有做好，衛生環境差，使消費者身體崩潰
社會性風險…　選到的飯店太爛而被朋友指責
心理性風險…　未能掌握飯店設備、服務的使用方式，無法順暢使用
而覺得不甘心

　　　第三，「評論本身就相當有趣」。這和寫下評論的動機類似。
一般來說，對產品、服務的參與度越高，越傾向於發表評論或閱讀
別人的評論。
　　　第四，「喜歡非商業性的資訊來源」。關於這點，我們將在下
一節的「廣告與評論」中詳述。

第 12 章

◇廣告與評論

一般來說，比起企業的宣傳文字，消費者通常比較想知道其他消費者提供的資訊，並認為其他消費者提供的資訊比較公平、值得信賴。考佛創立TripAdvisor的契機也是因為「想聽聽旅行者的實際體驗，而非企業廣告中的偏頗意見」。

評論是消費者在實際使用、體驗過產品或服務後，發送出來的訊息，較易獲得其他消費者的信賴。與廣告不同，評論者與提供產品、服務的廠商之間沒有利害關係，因此當他們在評論中描述產品優點時，看到這些評論的消費者比較願意相信他們，進而有購買這些產品或服務的想法。

近年來，隨著網路的普及，消費者評論的影響力也越來越大，使企業也被迫改變行銷推廣的方式。過去，推廣活動的主角是企業，消費者多為「聽眾」的身份，被動接受推廣內容。不過，隨著社群媒體的普及，在數位社會的交流活動中，消費者逐漸變成了主動的角色。消費者不再只能被動接收資訊，而是擁有主動發送、散布訊息的能力。消費者可透過TripAdvisor之類的平台回答企業的訊息，也可以和其他消費者在網路上對話（Conversation）、評論。

因此，各大企業未來也會漸漸重視這些主動消費者的存在，持續與他們接觸，與他們合作，展開交流活動等等。如同我們在第4章中提到的，隨著交流的進展，消費者與企業建立起更緊密的關係後，數位行銷的推廣活動在客戶旅程的行動與推薦階段中的地位將變得更為重要。

專欄12-1

意見領袖

　　所謂的「意見領袖」（influencer），指的是能影響到許多人的人物。在部落格、SNS 等透過網路傳遞訊息的工具日漸興盛以來，「意見領袖」一詞的意義逐漸轉變成能夠大幅影響消費者購買意願的人物。具體來說，除了具魅力、聲量的藝人或模特兒等名人之外，還包括部落格有許多點閱量的「部落客」、在影片分享網站 YouTube 上享有高人氣的「YouTuber」（參考專欄 11-2）。等。

　　各大企業逐漸注意到了意見領袖的威力，實行意見領袖行銷的企業越來越多。不過，意見領袖畢竟只是個人，企業基本上無法控制他們的一言一行。對於企業來說，意見領袖的不恰當言論可能會傷害到產品的印象，就行銷手法來說，可說是一把「雙面刃」。另外，某些意見領袖與企業的合作關係，就像隱匿行銷（stealth marketing）一樣難以辨別出來。舉例來說，有影響力的部落客可能會假裝自己是無關的第三者，給予特定企業或產品很高的評價，卻隱瞞自己已從企業那裏獲得了報酬。這種「捏造」的行銷要是被發現，很可能會讓企業失去消費者的信任。

　　另外，企業在進行意見領袖行銷時，必須瞭解到一點。基本上，由影響力特別強的消費者貼出產品評論時，這些評論傳達至一般消費者的效率最高。不過，一般消費者信任的產品評論不一定源自於擁有極高知名度、擁有極專業知識的意見領袖。一般消費者比較重視「地位比自己稍高」的人的意見。也就是說，產品之所以能廣受好評，可以說是各階層中許多意見領袖的貢獻疊加起來的成果。

第 **12** 章

4. 共同評等

所謂的共同平等，指的是許多人共同為某個對象的內容或價值分出等級。不是由一個人做決定，而是由許多人一起決定的排名、星等評價，皆屬於共同評等。這裡說的排名包括營收排名、人氣排名等順位、序列；星等評價則常用一到五顆星來表示。在評論機制下，消費者較能主動參與行銷活動，而共同評等可以說是這種機制下的副產品。

◇為什麼消費者會參考共同評等

消費者會參考他人評論的理由如前所述，共同評等的存在則強化了評論的效果。共同評等是表現人氣與品質的一種指標，當消費者難以在消費前判斷產品或服務的品質時，共同評等是個很好用的工具，對那些知識、判斷力較低的消費者來說更是如此。從風險的角度來看，共同評等可以降低許多風險。舉例來說，當消費者在確認到「周圍在流行些什麼」，可以降低消費者的「社會性風險」。另外，共同評等也有有趣的一面，可以提升使用者閱覽評論時的樂趣。舉例來說，TripAdvisor會列出旅遊景點附近的高人氣飯店，以及推薦的美食排行榜，廣受許多使用者的喜愛。

◇從眾效應與標新立異效應

「從眾效應」（bandwagon effect）與「標新立異效應」（snob effect）是美國經濟學家哈維‧萊賓斯坦（Harvey Leibenstein）提出

的概念。

　　首先，「從眾效應」指的是，當越多人選擇某個選項時，就會有更多人選擇該選項。Bandwagon是「遊行時走在前方，承載著樂隊的花車」。而bandwagon effect的意思就是，越有氣勢的車隊，就越能吸引人群跟隨，故稱之為從眾效應。若產生從眾效應，流行的事物就會變得更為流行。

　　另一方面，「標新立異效應」指的則是，當越多人選擇某個選項時，其他人就越不想選擇該選項。Snob是「自負傲慢的人」的意思，故snob effect可譯為標新立異效應，與從眾效應相反。

　　共同評等的資訊會同時產生從眾效應與標新立異效應。在從眾效應下，評等高的產品、服務，需求會增加；而在標新立異效應下，當某種產品、服務過於氾濫時，其他消費者可能會為了與那些使用者做出區別，而抑制自己對該產品、服務的需求。

　　另外，從眾效應與標新立異效應並不互斥，可能會同時發生。譬如追求小眾領域中的流行產品，就可以說是在同時追求「稀有性」與「流行」。舉例來說，假設某對夫妻在規劃新婚旅行時，選擇了一般新婚旅行不大會去的非洲，行程中卻安排了當地很受歡迎狩獵活動，那就表示他們在規劃行程時，兩種效應同時發揮了作用。另外，假如他們在決定住宿飯店時，選擇了人氣沒有排進前十名的飯店，且旅客評論中提到這裡位置隱蔽，不過消費者的星等評價卻有五顆星，那就表示他們在選擇飯店時，兩種效應同時發揮了作用。

第 **12** 章

共同評等資訊的媒介性

與紙張媒體不同，不需控制版面的網路可以刊載大量資訊，也可以透過資料庫工具，重整資訊的表現方式。因此，網路上可以登出一般紙張媒體難以刊載的產品介紹。某些絕對不會刊在紙張媒體頭版的小眾商品，只要搜尋條件正確、消費者評價夠高，就有機會刊載在網路首頁。

以TripAdvisor為例，若在2018年4月時，預約當年夏天的京都旅館，輸入「8月1日」、「2天1夜」等條件後，搜尋結果的第一順位是京都府一個名為「Mume」的旅館，剩餘7間房間（照片12-1）。由於一般旅行社發行的廣告單或旅遊手冊的版面不夠，旅館

【照片 12-1　TripAdvisor 的搜尋結果】

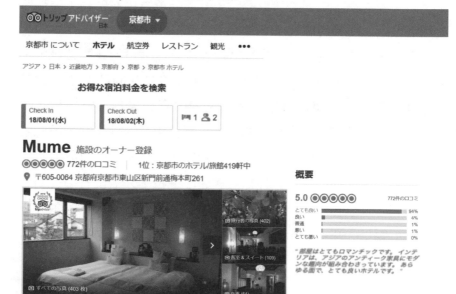

照片：獲TripAdvisor的許可後，作者截取、編輯的網站畫面

公關的交涉能力不高、費用不足，故廣告單或手冊上通常不會刊載
這些小旅館的資訊。不過，若以網路呈現旅館資料，則可從很大的
資料庫中，用各種方式篩選出需要的旅館。消費者可設定多重條
件，並根據其他消費者的評價排行，找到適合自己的住宿設施。

　　消費者們在網路上的共同評等資訊，不只可以讓消費者從不同
角度篩選自己的選擇，也能幫助消費者基於「絕對價值」（參考專
欄 4-2）做出正確判斷，對消費者來說十分有吸引力。

5. 結語

　　本章中，我們學習到了「推廣」的最新樣貌。進入數位社會以後，消費者搜尋、共享、發送資訊的過程都變得簡單許多，企業在訊息交流上可控制的部份相對減少，消費者自行管理的訊息交流則逐漸增加。就像TripAdvisor的例子中一樣，評論、共同評等等從消費者出發的資訊，因其透明性、公平性而被消費者信賴，是目前消費者相當重視的資訊來源，且資訊量還在急速增加中。在這個前提下，企業也必須改變與消費者交流的方式。在企業與消費者彼此互動的數位社會中，消費者不再只是被動接受訊息的對象，而是能夠表達自己意見、有一定話語權的存在。因此，企業不能將消費者視為單純的「聽眾」，而是應該將其視為「參加者」，與他們對話、合作，才能提到自身的商業價值。

專欄12-2

炎上

　　所謂的炎上，指的是某個人物或企業的發言或行為，遭受社群媒體大肆批判的狀態。在網路普及以前，這種大肆批判他人發言或行為就已存在，但在網路普及後，收發資訊變得更為容易，使資訊的擴散能力大幅上升。其中最具爭議的是，將許多批判性評論集中在一起的「網路群體極化」現象，這個名字由美國憲法學者凱斯・桑斯坦（Cass Sunstein）提出。當一個集團內的許多個體在網路上隨著自身欲望恣意發言，造成集團整體做出極端的行動或主張時，便稱之為「網路群體極化」，炎上也是其中一種。

　　企業的炎上模式大致上可以分成三類。首先是企業提供的產品品質有問題，卻沒辦法清楚解釋疑慮，僅用一堆理由與藉口搪塞，就會造成「與不良產品、產品疑慮、產品資訊不透明有關的炎上」。第二，當企業利用 Twitter 等社群媒體上行銷時，負責人不熟悉社群的潛規則，任意行動，招來使用者反感而不願意購買產品的「與輕視社群習慣、規範有關的炎上」。第三，從社長到工讀生的企業員工中，某個員工的脫序發言或脫序行為，造成「與脫序發言、脫序行為有關的炎上」。

　　企業從風險管理的角度處理這些炎上行動時有個大前提，那就是必須遵循法規。也就是要遵守法令、社會規範、倫理等規定。另外，為了預防炎上事件，企業平時就應該要徹底進行員工教育、製作各種指導手冊。就算發生炎上事件，只要企業能夠真誠應對消費者，也是有將負面形象拉回正面的可能。

第 **12** 章

❓深入思考

①試思考消費者就「旅行」發出評論的理由，以及尋求評論的理由。

②試思考什麼樣的人容易被評論影響。

③試思考化妝品的「共同評價」（銷售排行或星等評價）會對消費者與化妝品廠商有哪些影響。

進階閱讀

☆若想深入研究評論行銷，請閱讀

　山本晶《キーパーソン・マーケティング：なぜ、あの人のクチコミは影響力があるのか》東洋經濟新報社，2014年

☆若想深入瞭解為什麼眾人的評論可以引起大流行，請閱讀

　Malcolm Gladwell（齊思賢譯）《引爆趨勢：小改變如何引發大流行》時報出版，2020年

第 12 章

第Ⅲ部

數位行銷管理

第 13 章

數位社會的研究：Google

第1章
第2章
第3章
第4章
第5章
第6章
第7章
第8章
第9章
第10章
第11章
第12章
第13章
第14章
第15章

1. 前言

各位平常會在網路上貼出文字或照片嗎？這些資料都會成為資料庫的一部份，而企業則會將這些資料用於開發適合消費者的產品。另外，在網路上購買商品時的每一項行動資訊（包括購買前的行動、閱覽後沒有購買的行動等）也會被記錄起來。在你下一次踏入線上商店時，商店就可能會依據你的購物記錄，瞬間推薦適合你的商品，並由網站的閱覽記錄，推薦適合的優惠券。

伴隨數位技術的革新，企業越來越能迅速且精準掌握市場需求的變化與行銷活動的效果。不只資料量越來越大，型態也越來越多樣化（又稱做大數據）。企業會收集、分析這些資訊，讀取消費者的想法。換言之，企業不會直接詢問消費者，而是會傾聽（社群傾聽）消費者。

企業可以用人工智慧，從線上及線下的消費者活動資訊提取出有意義的洞見（insight），回答出企業想問的問題。但這不表示傳統方式的研究再也派不上用場。企業行銷產品時，仍須活用的傳統研究方式。本章將學習數位社會中如何有效率地研究市場，以及如何讓人產生共鳴、具體化人們的感受。

2. Google

◇創業的原點

1995年，賴利‧佩吉（Larry Page）與謝爾蓋‧布林（Sergey Brin）在史丹佛大學相遇。隔年，他們製作出了劃時代的搜尋引擎，名為「Backrub」。他們整理了全世界的資訊來源，將「讓全世界的人們都可以連上想去的網站」這個使命具體化。後來，他們把網站名稱變更為「Google」，於1998年設立公司。到了現在，Google的員工數已超過6萬人，散布在世界50多個國家，用戶更高達數十億。

支撐Google成長的是創業的原點，搜尋引擎。事實上，在兩人相遇的前一年，Yahoo就已在史丹佛大學誕生。Yahoo屬於目錄式搜尋引擎，網站資料為人工收集整理而得。資料庫有一定品質，網站類別整理得很好，很好上手。然而，隨著全世界網站的爆發性成長，資訊整理的速度卻跟不上，是其一大缺點。

◇與其他競爭公司的差異

賴利與謝爾蓋開發的是機械式搜尋引擎。這是一種以關鍵字為中心，基於某種公式，從龐大的網站數量中尋找目標網站的搜尋方式。他們創新的地方在於「PageRank」演算法的開發，網站搜尋結果會以網頁重要程度排序。當某個網頁被越重要的網頁參照，就表示這個網頁也越重要。從其他網頁的品質，以及參照某網頁的連結數，可以計算出某網頁的重要程度（參考專欄 1-2）。不過，目

第13章

前搜尋結果中的前幾名網頁多會經過SEO調整（參考第11張），故「來自其他網站的參照連結」目前僅為Google所列出的200多個網站重要性指標之一。即使一個網頁的PageRank很高，也不一定會排在搜尋結果的前幾名。

　　一開始，用戶僅可用文字資料搜索網站，2001年起可搜尋圖片。不久後，搜尋欄中不只能輸入關鍵字，還能上傳圖片搜尋類似圖片，這也稱做反向圖片搜尋。後來又經過了多次改善，追加了多種新功能，舉例來說，如果在搜尋欄中輸入兩個地點，就會自動顯示出電車的乘坐方式與地圖。其他像是包裹的配送狀況、單位換算、計算、特定地點的天氣等資訊，也可透過Google搜尋瞬間得知。Google亦推出了有翻譯功能的辭典，可直接顯示單字和句子的意思。當然，這些結果會與廣告一起顯示出來。

　　這些與搜尋結果有關的廣告，是Google收入來源之一。Google可提供廣告業主點擊型廣告服務（Google AdWords），當用戶搜尋某關鍵字時，關鍵字會顯示在搜尋結果中，用戶點擊廣告時，廣告業主就需支付廣告費給Google。廣告業主亦可事先設定廣告預算，廣告區域可設定某個國家、地區、都市，甚至特定區域。也就是說，廣告業主在適當設定後，可以限制只有數公里範圍內的人可以看到廣告。

　　另外，Google還提供Google AdSense服務，讓擁有網站的用戶在自家網站放上其他網站的廣告，並藉此獲利。當然，這是免費服務。在Google投放的廣告可以顯示在影片、郵件、手機app上，管道相當多。Google自己的結果測定工具，可協助用戶即時確認廣告投放效果。

　　也就是說，刊載廣告的地方也可由Google公司安排。另外Google還提供免費電子郵件服務Gmail（若覺得容量太少，可購買額外容量，這也是Google在廣告以外的收益之一）、Google Maps、Google Earth、YouTube、Google Play等服務，還開發了Android、Google Chrome等OS，以及Google TV、Chromebook等硬體裝置。這些產品、服務多是透過收購獲得，影像管理軟體Google Photos也是其中之一。

◇進一步成長

　　2015年，Google進行公司改組，設立控股公司Alphabet。壓倒性的搜尋技術亦為公司帶來豐碩的研究成果。Google以搜尋功能為核心，推出多種研究工具服務。用戶可藉由這些工具，瞭解到搜尋某個關鍵字的人是用哪個語言版本的電腦、是在什麼時候搜尋（Google Trends）；看出在線上商店購買商品的人在購買前會做出哪些行動，並將這些過程圖形化（Consumer Barometer）。Google還提供問券製作、分析服務，讓用戶可即時確認問券的回答狀況（Google Forms）；用戶亦可使用付費的調查服務（Google Surveys），僅將問券發放給線上的特定對象，並分析問券結果；還可將調查對象限制在網站的拜訪者或廣告的接觸者（Google Surveys 360）。

　　Google也提供網站分析工具。用戶可藉此分析造訪網站的人有哪些特性，透過哪些管道進入網站，並用蒐集到的資訊調整行銷方式及網站內容（Google 全日空lytics）。Google 全日空lytics可掌握

第13章

使用者對於廣告、影片、網站的反應，以及在平板、手機等裝置上的綜合行為，幫助企業瞭解使用者在會員註冊過程、線上購物過程，即所謂「轉換」（conversion）過程中的狀態變化。

廣告業主可以調整廣告內容與設定並測試調整效果。譬如使用A/B Test判斷網站設計策略，然後將獲得的洞見立刻分享給團隊的每一個成員。當然這也是免費的服務。想要的話，還可以在網站的各個細節製作多種不同的設計進行測試，篩選出最佳的組合（Google Optimize）。

Google還提供品牌提升問卷調查（Brand Lift surveys）與搜尋效果提升測試服務，讓業主能夠精確且迅速地瞭解到影片廣告與靜態顯示廣告的效果（廣告效果測試服務）。前者為透過問卷調查到的廣告想起率與品牌認知度調查，後者為自然搜尋（organic search，將關鍵字輸入至搜尋引擎的過程）上升率的測定。業主可在播放電視廣告前，先用YouTube播放廣告，並透過品牌提升問卷調查，選出效果較好的廣告，再將該廣告放在電視上播放。這可說是線上與線下的連動。使用者點擊廣告與實際拜訪店面的相關性，稱做訪客轉換率。Google可將訪客轉換率與使用者的位置資訊結合，供廣告業主參考（Google AdWords與Google My Business）。

整理全世界所有資訊，讓全世界每個人都能連到想看的網站，這是Google的使命與事業的基礎，故Google一直致力於累積、分析大數據。Google Maps可即時顯示交通資訊，並從來自其他手機的匿名資訊與交通資訊中，選擇最適當的路徑。Google也積極將人工智慧、機器人開發公司納入旗下。智慧音箱Google Home可適應每位使用者的特性，或許會是最適合每個人的夥伴。

3. 探索型研究

　　市場調查方式也在逐漸改變。所謂的市場調查，指的是系統性地設計、收集、分析特定市場環境的相關資料與調查結果，再提出報告。傳統行銷的調查研究方式大致上可以分成兩類，一種是事先掌握市場需求與趨勢，提出新的假說（探索型研究），另一種則是事後測定自家公司行銷活動的效率與效果（驗證型研究）。在數位社會中，正確理解這兩種研究是很重要的事。首先讓我們來看看什麼是探索型研究吧。

◇大數據的收集與分析

　　如同我們在Google的案例中看到的，隨著數位技術的發展，研究過程也有很大的變化。隨著網路的複雜化、數位化、IoT的發展，人們已可有效率地蒐集到龐大的數據，並分析這些數據、再分享給眾人。除了由國家及地方政府提供的開放資料外，個人資料，也就是透過資訊裝置取得的位置資訊與行動紀錄、網路上的閱覽、購買、使用記錄、透過小型感測器獲得的數據等等，也都屬於大數據的一部份。現在企業已可即時蒐集、分析社群媒體資料、網站資料、顧客資料等多樣且龐大的資料。

　　舉例來說，化妝品公司萊雅就曾分析過加拿大顧客的特徵，並藉由這些資訊增加旗下品牌植村秀的營業額。首先，萊雅調出網站閱覽資料，篩選出傾向關心同一個品牌的顧客，就像篩選出喜歡特定瑜珈課程或特定旅行行程的顧客一樣。接著，將這些使用者引導到同一個品牌的網站，透過顯示型廣告吸引顧客購買。結果，營業

第13章

251

額成長為當初的兩倍，單位廣告費用的效果成長為2200%。萊雅目前仍將這種方法活用在其他全球化品牌上。

　　與傳統行銷最大的差異在於，大數據可以迅速掌握消費者真正的意見與行動。如果是面對面詢問或問卷調查，受訪者就不一定會說出真正的心聲，說不定連受訪者自己都不曉得自己真正的想法。即使是集體面談，當受訪者意識到自己被調查時，可能會表現出不自然的交流行為。就像我們在下一節中會看到的，大數據分析是為了補足「傾聽」這個傳統研究中不容易做到的行動。

◇社群傾聽

　　數位社會中，理解人性的一面，或者說是理解人類潛在欲望的重要性漸趨重要。社群傾聽，是透過社群媒體、線上社群等管道，積極蒐集產品評論的工作。社群傾聽有許多優於傳統研究的地方（表13-1）。舉例來說，社群傾聽可在必要時及時掌握自家品牌或其他競爭品牌的動向（速度優勢、時機優勢）；可獲得數量龐大的資料（樣本優勢）；獲得的資料多是受調查對象在沒有意識到自己被調查時說出的話、貼出的照片（表達風格優勢）；可能得到調查人員意想不到的答案（意外性優勢）；成本相對較低（成本優勢）；而且要是研究過程中出了甚麼問題，可以馬上修正（彈性優勢、軌道修正優勢）。

　　有的時候，調查人員還會成為參與者，進入社群進行調查傾聽工作（網路民族誌，netnography）。譬如汽車公司SUBARU會在滑雪場提供他們的SUV（運動型休旅車）取代纜車，載送客人在

【表 13-1　社群傾聽的威力】

速度、時機	可在必要時立刻蒐集到想要的資料
樣本	可獲得數量龐大的資料
表達風格	有機會聽取、分析日常發言或對話
意外性	可能得到調查人員意想不到的答案
成本	必要成本相對較低
彈性、軌道修正	當研究無法提升生產力，或者找到新研究方法時，可以馬上改變研究方法

出處：本書作者參考Rappaport（2012）製作

雪地上奔馳。想搭乘的人只要將與汽車合照的照片上傳到Twitter或Instagram，並加上hashtag「#滑雪場計程車」，就可以免費搭乘。被這個活動吸引的顧客在上傳影片或其他內容後，SUBARU的行銷人員會轉貼、回覆這些內容，以強化與顧客間的關係，並掌握新的趨勢與風險。

　　另外，IBM的各個品牌也設置了各個社群媒體團隊。他們使用IBM Voices這個自家開發的社群傾聽工具，蒐集、分析各品牌的Twitter，並因應趨勢，在適當時機貼出適當的Twitter內容。

　　有時候，調查人員還會直接與線上社群的成員見面，尋找潛在需求。這又叫做同理性研究。除了該企業的工程師、行銷人員、產品設計人員之外，還會有人類學者、心理學者加入，藉此瞭解顧客在本質上的不滿，獲得更多洞見，協助開發新產品與新的顧客體驗。為了更有效率地進行研究工作，有時候還會建立所謂的MORC（專欄 13-2），依照研究目的招募一群特定對象，建立社群以供研究。

第 13 章

專欄13-1

網路民族誌

　　資料探勘或社會網路分析中，通常會排出一定程度的特殊狀況，只關注一般性的內容。另一方面，也有某些研究方式會特別關注社群媒體或網路社群中的各種文化現象。網路民族誌（netnography）就是一種加入調查對象的社群，以參與者的身份，傾聽網路社群內部真正聲音的民族誌研究法（ethnography）。自己主動加入社群，加深與社群成員的共鳴，以理解消費者的想法與行動。特定品牌的忠實顧客自發性成立的品牌社群，就是這種研究方式的對象之一。

　　與線下的人際互動不同，線上互動一般都是匿名，交流更為頻繁，還累積了相當大的資料量。調查人員可加入社群，向社群成員學習，並常與他們互動交流，親自體驗社群成員們的說法，藉此了解產品用戶真正的想法與用戶間的潛規則。

　　在蒐集、分析資料的過程中，調查人員除了要與社群成員建立關係，培養出與他們站在文化上同一陣線的主觀感覺之外，有時候也要保持一定距離，從客觀角度看待這個社群。為了獲得客觀的洞見，調查人員需記錄每天發生的事，將自己的想法寫成田野筆記（field note）；除了將自己貼出的內容及與其他成員的互動資料截取下來之外，也要收集與自己無關的歷史共享資料（會員手冊、媒體文章等）。若找到與研究主題有關的內容，就需仔細分析核心人物、各成員扮演的角色、頻繁出現的話題、團體的歷史背景與該團體專屬的特殊儀式或行為等等。

専欄13-2

MROC

網路上存在著各式各樣的社群。譬如喜歡跑步的社群、喜歡某汽車品牌的社群等。企業自己也會成立粉絲的社群，做為企業的研究對象，若善加管理，可以加強企業與顧客之間的關係。

另一方面，MROC（MROC：Market/Marketing Research Online Community）是依照某個調查目的，設定好規模與參與者屬性後，建立專門用於研究調查的社群。網路上的 MROC 多在 SNS 上建立，透過與消費者的雙向交流，瞭解消費者的生活與購買行動，分析出企業需要的洞見。研究對象不只限於消費者之間（也稱做生活者）的對話，也會研究消費者與企業間的對話。研究所得的洞見可描繪出定量調查無法描繪出來的消費者樣貌，用於新產品開發或既有產品的改良。因此，成立這種社群的目的不只是讓使用者彼此交流。

舉例來說，億滋國際（Mondelez International）這個食品飲料公司為了打破品牌零食銷售低迷的狀態，成立了「健康專家」和「節食者」這兩個 MROC，各 150 人。億滋透過這兩個社群，瞭解那些想吃健康的零食，卻也想吃香甜、高熱量零食的節食者的心理，推出了 Oreo、Ritz 的新包裝，總熱量降低了 100 kcal。讓消費者不僅能抑制熱量攝取，也能吃到想吃的零食。億滋的營業額也超乎預料地增加超過 110 億日圓。

MROC 與消費者自行成立的社群不同，在研究上有許多優點。不用擔心社群突然消失，企業可以和調查對象連續且長期對話，還可同時成立多個社群，比較討論各社群觀察到的情況。而且調查人員本身就是社群的管理人。

第13章

4. 驗證型研究

再來要介紹的是另一種研究型態，驗證型研究。

◇行銷活動效果測定

自家公司的行銷活動也是研究的重要對象。所謂行銷活動效果測定，指的是測定行銷活動的效率與效果，以找出、解決行銷活動的問題。企業可藉此判斷行銷策略的好壞，並應用於下一次行銷策略。測定結果可用於第2章中說明的整個客戶旅程（圖13-1）。

【圖 13-1　購買意願決定過程中，每個步驟的效果測定項目】

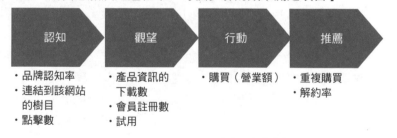

認知　　　　觀望　　　　行動　　　　推薦

・品牌認知率　　・產品資訊的　　・購買（營業額）　・重複購買
・連結到該網站　　下載數　　　　　　　　　　　・解約率
　的樹目　　　　・會員註冊數
・點擊數　　　　・試用

出處：本書作者參考Jeffery（2018）製作

如果是透過網站行銷，那麼連結到該網站的使用者中，有多少人實際做出有助於公司營收的行為，譬如下載了產品資訊、索取更多資料、註冊會員、試用、購買、推薦等（也稱做轉換），就是測定的重點。如同我們在行銷漏斗中提到的，一般來說，購買意願決定過程中，消費者數量會像漏斗一樣逐漸減少（參考第4章）。隨著數位技術的進展，企業能更為迅速、正確地掌握「轉換」的狀況。所謂轉換，指的是連到網站的訪客們註冊成會員或購買產品的

過程，而轉換的比例則稱做轉換率。企業可透過數位技術，掌握從不同管道（譬如自然搜尋或廣告）連上網站之訪客的轉換率，找出最適合該網站的吸客管道。另外，還可比較購買意願決定過程中各階段的轉換率，瞭解到哪個階段的接觸點效果最好，哪個接觸點必須重新設計。

　　測定廣告效果時，可使用Google提供的品牌提升問卷調查或搜尋效果提升測試。舉例來說，提供租屋資訊服務的Chintai在正式使用影片廣告時，就曾經從人口統計學（demographic）的角度測定廣告效果。廣告播出後，在目標客群的年輕男性（18-34歲）中，不論對廣告有沒有印象，都對Chintai的品牌認知度增加了20%，且品牌名稱的搜尋數次數也增加了156%。

　　隨著各種資訊裝置的普及，效果測定也變得越來越複雜，企業必須提高整體測定效率才行。其中一個重點就是整合線上與線下的交易。目前，我們已可掌握消費者的實體轉換率，也就是看到網路廣告的消費者實際造訪門市的比例。舉例來說，7&I（譯註：日本的7-11控股公司）使用了Google的「來店轉換率」服務，將看到搜尋連動型廣告後被吸引過來的消費者人數視覺化，藉此最佳化廣告戰略。Google會蒐集允許提供位置資訊的使用者樣本，以匿名資訊的形式，分析點擊過搜尋連動型廣告的來店客人佔所有來店客人的比例。結果顯示，用手機點擊廣告的消費者，佔所有消費者比例的10.4%；由電腦點擊廣告的消費者則佔7.2%。且前者在店內消費的金額，比後者少了40%。7&I公司便基於這個結果，對廣告投資預算進行了最佳化。傳統的O2O（Online to Offline）中，需在實體門市確認優惠券、手機畫面，或者設置Beacon（將訊號發送至周圍一

第 13 章

定範圍內，以傳送文字或圖像資料到智慧型手機上的裝置）、Wi-Fi等設備，現在已可透過手機的位置，將前述資訊可視化。

◇A/B Test

數位社會中，一邊實施行銷策略一邊改善是件相當容易的事。同時在市場上販賣兩種產品，再看情況決定要主打哪一種產品，這是傳統的行銷方式（當然，這也可以成為話題），現在則可用更快、更低成本的方式達成。舉例來說，企業在製作app、廣告、網站等數位內容時，可製作兩種版本互相比較，而A/B Test就是其中一種最佳化網站或app的方法。進行A/B Test時，會調整數位內容的影像、文字、設計、排版、導引線等元素，製成多種版本的數位內容，然後測試哪種版本的效果比較好（圖13-2）。Google就有提供企業這種可直觀操作、驗證的工具。

【圖 13-2　13-2 A/B Test】

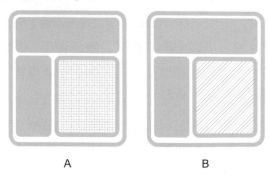

A　　　　　　　　B

出處：本書作者參考Google官方網站「Test類型」製作

一般來說，企業可準備好兩種版本的網站，讓拜訪網站的人隨機進入某一版本的網站，然後追蹤訪客在網頁上的行動，分析出哪種網站效果比較好。不過，欲測試的因素越多，需準備的網站版本就越多，測試上也會花越多時間。不過只要有充分的訪客量，就可以一次比較多種版本的網站，再從中選出表現最好的版本。

Sony Europe就曾經為了最佳化VAIO的靜態顯示廣告效果而進行A/B Test。廣告上原本只有「試試看客製化電腦吧」，測試時，在版本1加入「製作一台專屬於你的VAIO」的標語，在版本2加入「免費讓SSD（儲存裝置）變為兩倍」的標語。結果發現，版本1的轉換率最高，點擊率比原始廣告多了6%，放入購物車的比例（遷移率）提升了21.3%。另一方面，版本2的遷移率則比原始版本還低。

為了提升測試過程的效率與有效性，需用到人工智慧（AI）。AI會將訪客資料與其他龐大的相關資料排列組合，找出問題的根源。AI可幫助我們發現平常被我們忽略的要素，縮短訪客猶豫的時間。除了可用在驗證型研究之外，在探索型研究上也很有用處。

第13章

5. 結語

　　數位社會中的消費者行動會以數據形式逐漸累積起來。隨著數位技術與網路化的發展，探索型研究與驗證型研究之間的界線越來越模糊。這是因為，現在的我們可以用很低的成本，即時蒐集、分析到多樣化且龐大的資料，源源不絕地用於前述兩種研究工作上。特別是在線上、線下用相對日常的表達風格寫出來的文字，在數位環境下，收集起來相對簡單許多，還可直接用AI來分析，使線上與線下之間的連動在研究工作中的重要性日漸提升。

　　不過，要有效運用累積的資料，仍必須理解傳統研究方式中相當強調的人性面，也就是與人類潛在欲望有關的一面。企業需從眼前整理好的資料推導出洞見，並擁有實行這種洞見的力量。其中最重要的是，要掌握好使用這些資料時的著眼點。就假說設定能力來說，與傳統的行銷研究並無二異。

❓深入思考

①試著在SNS上社群傾聽，思考便利商店會碰到的問題。

②請以大學網頁為主題，思考兩種A/B Test。

③試思考那些線上資料可以和位置資訊結合。

進階閱讀

☆若想深入瞭解共鳴式研究，請閱讀

　Russell Belk、Eileen Fischer、Robert V. Kozinets《Qualitative Consumer & Marketing Research》Sage Pubns Ltd，2012年

☆若想深入研究如何從社群媒體獲得洞見，請閱讀

　萩原雅之《次世代マーケティングリサーチ》SB Creative，2011年

第13章

第 14 章

數位社會的物流：
大和運輸

第1章
第2章
第3章
第4章
第5章
第6章
第7章
第8章
第9章
第10章
第11章
第12章
第13章
第14章
第15章

1. 前言

假設你為了健康，家中隨時備有蔬果汁。有天你打開冰箱，拿出蔬果汁時，發覺冰箱內的蔬果汁所剩無幾。現在喝完的話，就得馬上買新的補齊。這時，你按下了某個貼在冰箱上的按鈕，於是當天就送來了新的蔬果汁。

現在每個人都可以透過線上零售店購買飲料、零食、洗衣粉等多種日常用品，且可在當天或隔天送達。不只配送速度快，我們還經常可在線上零售網站看到熱門商品或活動商品「免運費」的字樣。從網路上免費獲得各種資訊已不是什麼新鮮事，但如果是購買實物的話，商品必須先送上貨車，然後載運到家門才行。那麼，為什麼可以免除運費呢？

本書前面的內容提到了許多數位行銷的例子，這些都不只是虛擬空間中的商業行為，也結合了現實世界中的活動。而本章會將重點放在現實社會中，負責在最後把產品送到顧客手上的物流業上。在可追溯性的概念下，學習現實社會中控制商品移動之商業行為的運作方式。

2. 大和運輸

◇宅配便的誕生

　　大和運輸於1919年創業，總公司位於東京都中央區，是經營以宅配便（快遞）為核心之運輸服務的企業。日本人在寄送禮物給朋友或家人時，常會透過便利商店委託大和運輸配送包裹。另外，在線上零售店購買產品時，負責送到家門的也是大和運輸的司機（大和運輸稱他們為sales driver）。

　　大和運輸創業時僅有四台貨車，經營包車業務，現在已成長為日本最大的宅配業者。創業4年後的1923年，大和運輸與三越吳服店（現在的三越百貨公司）簽訂契約，負責商品的市內配送，成為了大和運輸成長的契機。這項契約一直維持到了1979年。在這55年間，日本國民對大和運輸的印象一直是為三越百貨公司配送中元節禮品、歲末禮品的配送業者。

　　大和運輸本身擁有貨車，可承接企業客戶的委託運送貨物，也就是所謂的貨車運輸公司。而大和運輸成為日本代表性物流企業的契機，則是宅配便服務的開始。在大和運輸開始提供宅配便服務之前，「小型包裹的集貨、配貨很費工夫，不符成本」在運輸業界是常識。事實上，承接個人委託小型包裹運送業務的郵局，也因為不符成本而漲價過數次。在這種逆境下，大和運輸從百貨公司的中元節禮品、歲末禮品的大量配送經驗中學習到，預先設置貨物的集貨、配貨據點（大和運輸稱這種據點為營業所獲宅配便中心，以下統稱為集配貨據點），便可有效率地運輸這些貨物，於是從1976年起，大和運輸開始在關東地區經營一日圓的小型包裹宅配便服務。

第 14 章

　　在這之後，提供宅配便服務的區域擴張到了全日本。大和運輸模仿了客機領域中的「軸輻式系統」（hub-and-spoke model），打造物流網路。Hub和spoke也是自行車的零件名稱。Hub是車輪中心處的轉軸部份，spoke則是從車輪中心輻射至車輪周圍的細長金屬棒。大和運輸在全日本都道府縣最少各設置一個物流中心（大和運輸稱其為基地），用於貨車停靠與貨物集散，大都市則設有2～3個。並以物流中心為核心，設置多個集配貨據點。以物流中心為軸，物流中心與集配貨據點間的路徑為輻，形成物流網路。雖然會花費較高的據點建設費用，卻可集中運輸工作，降低運輸費（圖14-1）。

　　在營運開始的3年後，宅配便的服務件數已達每年1千萬件，打破了包裹寄送由郵局獨佔的局面。到了1980年度，物流網路建構的投資終於回收完畢，之後每年都會帶來超過5%的經常利益。

【圖 14-1　物流網路的型態與成本】

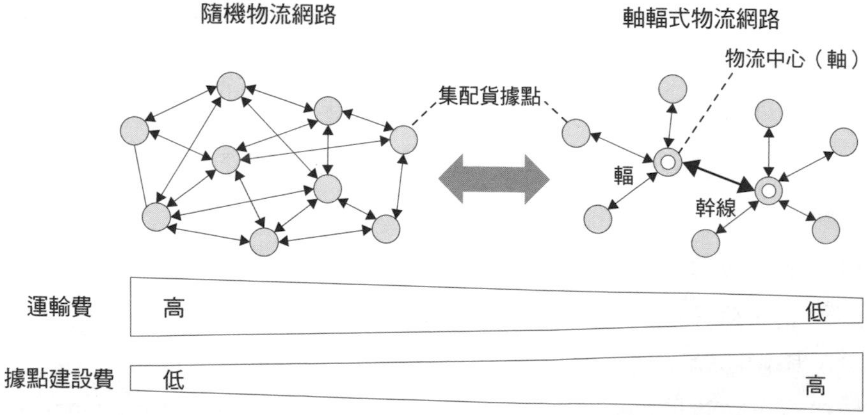

◇宅配便的高附加價值化

　　1980年代以來，大和運輸便致力於增加宅配便服務的附加價值。大和運輸搭上滑雪熱潮，於1983年推出「滑雪宅急便」。過去的宅配便只能寄送長、寬、高合計在1公尺以內的東西，滑雪宅急便則可讓客戶寄送近2公尺的滑雪板、雪杖等滑雪工具到滑雪場。為了實現這種服務，大和運輸費了一番心思，讓滑雪工具在運送全程中都保持著滑組裝好的狀態，並整備好滑雪場附近的集配送據點、做好貨車的防雪措施。

　　後來，大和運輸在物流網路導入了冷藏、冷凍設備，於1987年推出「保鮮宅急便」。保鮮宅急便提供三種溫度的服務，包括適合存放蔬菜的cold，溫度為5～10度；適合存放肉類的chilled，溫度為0～2度；適合存放冷凍食品、冰淇淋的frozen，溫度為零下18度以下。

　　這種高附加價值的宅配便服務獲得了很大的成功，進而衍生出大和運輸的經營哲學「服務在先、利益在後（提供能滿足顧客需求的服務後，就可以創造市場，增加貨物的處理量，進而創造獲利）」。

　　2016年度大和運輸處理的宅配便件數為18億6,756萬個。佔整個宅配便業界市場份額的46.7%（日本國土交通省《平成28年度的宅配便產業實績》，2017年）。平均一天可處理512萬個貨物。要處理如此大量的貨物，不僅得準備充足的人力與設備，還需建構具可追溯性的物流資訊系統。

第14章

◇物流資訊系統的建立

透過遍布全日本每個角落的物流網運送貨物時，除了要知道貨物最終目的地之外，也要確保貨物行經路線正確無誤。而且，當委託人詢問配送狀況時，也要正確無誤地回答出答案。要達到這種程度的可追溯性，必須建構出一定程度地物流資訊系統（大和運輸稱其為NEKO系統），這是一個由4萬台以上的資訊裝置構成的電腦網路。

1980年時，大和運輸在各集配貨據點設置了附有條碼讀取器的輸入裝置。1985年則配發攜帶型POS（Point of Sale）裝置給站在配送的第一線的貨車司機，不只可以即時反映集配貨資訊，也可運用在滑雪宅急便等高附加價值的服務上。現在，負責集配貨的貨車司機收到貨物後，將目的地輸入至擁有通訊功能的攜帶型POS裝置，便可馬上得到一張標籤，上面印有離目的地最近的集配貨據點條碼。接著司機會把標籤當場貼在貨物上，減少配送錯誤的風險，資料也可即使上傳，大幅提升個別貨物的可追溯性。

建構物流資訊系統不只能增加貨物處理件數，也可以正確控制貨物寄達時間。不曉得貨物是今天寄到還是明天寄到的情況早已是過去式。1992年，大和運輸開始提供可在隔天早上10點前送達的宅配便Time Service服務。1998年，一般宅配便的寄件人可指定配送時間。2005年，收件人可透過預先登記的電子郵件信箱，在配送前收到大和運輸的聯繫（也可改變收貨方式）。2007年，大和運輸推出會員制服務，進一步提升物流資訊系統的效能，並提供會員折扣。

擴充服務使大和運輸的業績順利成長，然而進入2010年代後，

貨物處理量的增加與外部環境變化，產生了更大的問題。這裡說的外部環境變化，指的是Amazon、樂天、Mercari等線上零售店委託的貨物急速增加。特別是Amazon這種擁有大型物流據點的電子商務企業，因為少了集貨的步驟、貨物量大而享有折扣，造成貨物量大增，營收卻沒跟著增加。除了貨物量增加之外，獨居或雙薪家庭的增加也造成再配送問題漸趨嚴重。在這樣的狀況下，要維持原本的服務品質成為了相當困難的事。

第 **14** 章

3. 物流

◇物流網路

用智慧型手機在線上商店網站購買商品時，常會對網站推薦的商品與方便的支付方式心動。不過，還是要到產品送到消費者手上，才算是完成購買動作，所以物流也是構成買賣的重要因素。

若要讓產品保有一定品質，並在適當時間點送達目的地的話，要注意的就不只是貨物的運輸與配送，物流過程中的包裝、貨物的保管、裝卸、分類等也很重要。而且，負責運輸商業貨物的物流企業，有時還需有流通加工功能，譬如在倉庫或物流中心將半成品組裝成成品。以上提到的運輸與配送、包裝、保管、裝卸、流通加工，稱做物流的五大功能，需透過物流網路中的設施、設備完成。譬如大和運輸物流中心內負責裝卸的人就會使用自動分類機。

那麼，物流網路實際上又是如何建構的呢？看看前面提到的軸輻式系統，應該就可以明白了吧。宅配便企業會在住宅區、辦公大樓區附近設置集配貨據點，用小型貨車在據點周圍或便利商店之間巡迴，將各地貨物運回集配貨據點，再將貨物放入箱型拖貨板（box pallet），送至最近的物流中心。以上步驟稱做「集貨」。

物流中心會以箱型拖貨板為單位，將貨物裝載到大型貨車上，然後在夜間經由高速公路長距離運送至目的地附近的物流中心。這個物流中心間的交通要道稱做「幹線」。

抵達物流中心的貨物經分類後會被送往離目的地最近的集配貨據點，再用小型貨車或手推車將貨物送往各個家庭或辦公室，這個步驟稱做「配貨」。負責配貨的貨車配送完貨物後，會再巡迴各個

專欄14-1

無人機

假設有個顧客在平板裝置上訂購孩子的玩具和爆米花。接著，載有這兩種產品的無人機（drone）從倉庫飛起，越過英國鄉間，抵達顧客的庭院。飛行時間僅有 13 分鐘，幾乎就是瞬間抵達。

這是 Amazon 推出的無人機宅配便服務「Prime Air」的初次配送。Amazon 曾認真討論過使用無人機配送商品的實用性，並向主管單位申請多種營運許可（包括無人機運送貨物時，透過收件人的手勢確認著陸地點、無人機配送用的高樓層物流中心、市內可讓無人機交換電池的路燈等）。

有三個螺旋槳以上的無人機稱做多軸飛行器，起飛與著地時不需要廣大的場地，且擁有優秀的操作性及高乘載能力，故除了物流以外，也被認為可用於農業、警備等各種產業。民生用無人機的最大製造商為中國的大疆，全球市佔率達 70 ～ 85%。

日本的 TerraDrone 企業則有製造用於空拍、測量、定期檢查的產業用無人機。在軟體方面有一定優勢，包括無人運行管理系統、在雲端環境下分析三維空間測量資料的服務等。

另外，東京電力也與擁有地圖資料的 Zenrin 共同推出「無人機高速公路」的構想。高壓電線下通常沒有住宅或商業設施，故可用做無人機的飛行路徑。變電所可設置無人機起飛著陸點與充電站。未來，他們將建構起無人機自由飛行時必要的三維空間資料，並開發運行管理軟體，展開長途飛行的實證實驗計畫。

日本上空的準天頂衛星「Michibiki」由四顆衛星組成，可在高樓大廈眾多的都市中測得非常精確的位置。這樣的環境應該也能幫助無人機產業的發展。

第14章

便利商店或委託集貨的私人住宅、辦公室，進行集貨工作。

從最後據點（集配貨據點）到收件者的區間稱做最後一哩路（原本為通訊業界的用語，並不代表物流業界中的實際距離）（參考第9章），物流企業在這段區間的服務內容會與其他家公司做出差異化。

從行銷管理的角度，分析物流網路在商品的生產、製造到消費之一連串過程中所扮演的角色，並進行最佳化管理，就稱做「物流管理」（logistics）。像是大和運輸這種處理大量貨物時，需要專為物流管理設計的資訊系統。為每個貨物標上ID，以掌握貨物在物流網路上的配送狀況（源頭管理）是必備的，此外，物流管理資訊系統還要能夠檢查出集配貨據點與物流中心的作業失誤、建立貨車的配車與排班計劃等功能。

【圖 14-2　宅配便服務的物流網路】

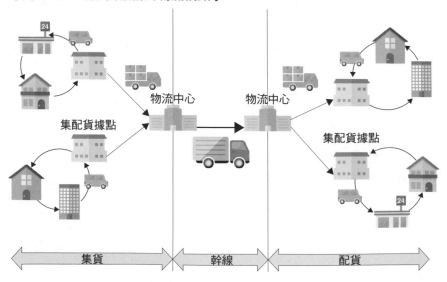

◇物流改革行動

　　因此，物流管理與資訊系統有著密不可分的關係，或者反過來說資訊系統的創新，可以為物流帶來革新。其中之一就是2016年在日本開始營運的外送服務「Uber eats」（參考第10章）。消費者用手機在義式餐廳「Dal-matto」或甜甜圈專賣店「Krispy Kreme Doughnuts」下單後，在Uber eats註冊的外送員（學生或家庭主婦等）就會去餐飲店拿取餐點，配送到消費者手上。有了智慧型手機的GPS功能，外送員不只能將餐點送到住家或辦公室，也可以送到公園等特殊地點。外送員除了需接受事前講習與文件審查之外，還需租用可保溫的配送用包包，確保服務品質。

　　Uber eats的外送員在餐廳拿取消費者訂購餐點的步驟就像是集貨，將餐點送到消費者手上的步驟就像是配貨。這個過程中不需用到幹線之類的大規模設施、設備，卻可靠著一般人的參與，建構出這樣的商業模式，可以說是相當新穎的案例。

　　未來說不定會出現像Uber eats這樣，由許多日本中小型貨運業者共同提供閒置的貨車，用於額外的運輸服務。相對於此，大和運輸在大和集團所發表的「Value Networking」構想中，除了提到企業物流、輸送功能等服務之外，也提出未來將採用ICT（資訊通訊技術）、LT（物流管理技術）、FT（金融科技）改善物流環境。許多人都在觀察，過去精於宅配便業務的大和運輸，未來將如何在商業貨物的物流上一展長才。

第14章

專欄14-2

倉庫、RFID tag

　　某些線上零售業或製造業在經營策略上，選擇自行建構物流能力，發展出獨特的商業模式。另有一些公司將運輸配送、包裝、保管、裝卸、流通加工等業務一起委託給其他的第三方物流管理（3PL）公司，委託方企業則專注於行銷活動、產品與服務的企劃開發、生產等工作。

　　另外，物流公司可租用倉庫以處理特殊產品。譬如寺田倉庫善於管理溫度與濕度，故可保管葡萄酒與美術品。寺田倉庫也會協助顧客的業務，譬如開設畫廊，展出、販賣他們所保管的美術品。

　　若活用物流企業的服務，要進入海外市場也會變得容易許多。國際機場附近有許多大型企業的物流中心，用於主要都市間的當日配送，以及準備送往台灣、新加坡的冷藏冷凍貨物。有時我們可以在電視上看到日本的高品質水果在台灣熱銷的新聞，就是拜這些倉庫之賜。

　　不過，就算高品質水果順利從日本出境，要是抵達其他國家的機場時，因為檢疫而消耗許多時間，或者在物流過程中受損的話，評價也會下滑。因此，就像日本國內的物流業一樣，海外貨物的可追溯性也相當重要。國際物流業務目前已採用條碼辨識貨物，且正在討論是否導入 RFID tag 系統，使貨物裝卸能夠自動化。RFID tag 是一種收到微弱電波訊號時會自動啟動的無電池電子裝置，可顯示出該晶片的特有 ID。將 RFID 貼在貨物包裝上，在貨物通過 ID 讀取裝置時，就可以自動辨認貨物 ID。另外，RFID tag 還可連結到網路上的產品資料庫，成為標示產品品質的手段。

　　綜上所述，物流服務的應用，或許在未來會成為各位事業成功的關鍵。

4. 再配送

◇與線上零售業的法人契約

在線上零售業興起時，大和運輸認為「即使現在大家都在網路上交換資訊，物流仍不會消失，相反的，宅配便服務的需求反而會進一步擴大。未來，物流網路將會發揮他真正的價值」。另外，大和運輸也和Amazon及樂天等大型電子商務公司簽訂貨物運送的法人契約。這些法人顧客的貨物量與集貨方式與一般顧客大有不同，通常都因為量大而享有折扣。電子商務公司通常都擁有自己的倉庫與物流中心，大和運輸可直接到那裡將包裝好的貨物運送到大和運輸自己的物流中心。因此，從大和運輸的角度看來，可省略巡迴便利商店、個人住宅、辦公室，收集貨物的「集貨」步驟。集貨成本的削減就是折扣的由來。

如果處理的貨物量上升，就算運費打折，營收和獲利應該也會提升才對。但電子商務所帶來的貨物量增加，卻會造成「再配送」

【圖 14-3　配送的貨物量（例）】

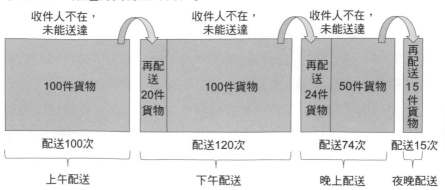

收件人不在，未能送達　　　收件人不在，未能送達　　　收件人不在，未能送達

100件貨物　　　再配送20件貨物　　　100件貨物　　　再配送24件貨物　　　50件貨物　　　再配送15件貨物

配送100次　　　配送120次　　　配送74次　　　配送15次

上午配送　　　下午配送　　　晚上配送　　　夜晚配送

問題，使大和運輸的服務品質與業務效率降低。再配送指的是宅配便的收件人不在時，需另擇時間再度配送。

◇司機的配送業務量

為什麼這會成為問題呢？每個司機有辦法配貨的宅急便數量，會隨著地區與季節而有很大的變動，不過每天配貨量大致會在150～200件的區間內。這裡假設繁忙期間一天內的配貨量達250件宅配便（圖14-3）。上午時，司機會開著配貨用的小貨車，載著100個貨物從集配貨據點出發，開始配送貨物。如果有兩成的收件人不在家的話，就會有20件貨物需於下午再度配送。中午時，司機回到集配貨據點，再裝上100件新貨物，與再配送貨物合計共需配送120件。接著，如果還是有兩成的收件人不在家，就會有24件貨物需要再配送。晚上，司機再回到集配貨據點，裝上50件新貨物，與再配送貨物合計共需配送74件。如果有兩成收件人不在家，就會有15件貨物需要再配送，一天的工作到此結束。也就是說，250件貨物需要配送100 + 120 + 74 + 15 = 309次。收件人不在的機率越高，再配送的次數也會越多。與電子商務公司簽約使貨物個數急速增加，卻會因為再配送的問題使公司負荷變得相當沉重。

同時，政府也在推動勞動改革，員工的無薪加班與長時間勞動成了很大的經營課題。大和運輸提出了快遞事業的結構改革、重新訂定適合個人顧客的運費，並持續與大型法人顧客交涉價格、更新契約。關於再配送的問題，則從原本的六個配送時間帶中，廢除了午休時間所在的時間帶。另外，當日的再配送結束時間提前一小時，於19時結束。

◇減少錯過收件人的狀況

　　會出現再配送問題，電子商務的貨物遽增只是原因之一。過去寄件人透過郵局寄送包裹時，通常會禮貌上電話通知收件人寄了包裹過去。收件人接到通知電話後，會自行判斷包裹抵達的時間，並在那段時間盡量待在家裡以收取包裹。不過，現在的人已不太會為了等宅配便而待在家裡，即使待在家裡，也有不少人會有種被綁在家裡的感覺而不滿。因此，為了在降低再配送率的同時，提高顧客滿意度，就必須調整接觸點，盡可能確保收件人在時間與空間上的自由度。

　　會員制服務「黑貓會員」是大和運輸的一項新政策。在貨物送達之前，黑貓會員可在專用的手機app（照片14-2）、電子郵件、LINE上收到通知，知道貨物預定抵達的時間日期。要是不方便收件的話，黑貓會員可以改變收件時間或收件方式。在收件時間方面，黑貓會員可重新指定收件日期與時間，並變更貨到通知的頻率。在收件方式方面，黑貓會員除了可以在家收件外，也可以改成在便利商店或車站的宅配便置物櫃收件。

　　日本新建成的公寓大樓多半備有宅配便置物櫃。不過，為了做到配貨最佳化，大和運輸又往前邁進了一步。大和運輸與DeNA合作，在神奈川縣藤澤市進行「機器貓大和」的開發、實證實驗計劃。機器貓大和是一台滿載宅配箱置物櫃的休旅車，收件人可用手機指定休旅車前往特定地點，並指定以10分鐘為單位的宅配便收件時間，故即使在戶外也可以收件。綜上所述，多種配貨服務的誕生，將成為未來的競爭重點。

第**14**章

5. 結語

大和運輸在發展宅急便服務的同時，也建構了可追溯性高的物流資訊系統。資訊化可提升物流網路的處理能力，讓現在的電商網站最快能在當日配送到府，通常也不會晚於隔日。

不過，我們在本章開頭提到的免運費策略，只能算是招攬顧客用的促銷活動之一，並不表示物流服務的成本為零。物流網路是數位社會不可或缺的基礎建設，所以應該要讓所有使用者共同負擔適當成本才對。

未來，隨著人工智慧（AI）的發展，物流管理也會有更多發展，譬如物流網路運用效率的最佳化、活用消費者手機的集貨配貨流程革新等。特別是最後一哩路的物流，未來或許會出現有消費者參與的商務模式。

❓ 深入思考

①試思考電子商務公司委託物流企業運送貨物有哪些優缺點。

②試思考當電子商務委託宅配便處理的件數增加時，會產生哪些問題。

③試思考要是沒有物流服務資訊系統，會產生哪些問題。

進階閱讀

☆若想深入瞭解大和運輸的成長與法規鬆綁之間的關係，請閱讀

小倉昌男（劉鳳玉譯）《小倉昌男經營學－宅急便的成功秘密》

日經BP社，1999年。

☆若想深入瞭解再配送問題的社會背景，請閱讀

松岡真宏、山手剛人《宅配がなくなる日：同時性解消の社論》日本經濟新聞出版社，2017年。

第14章

第1章
第2章
第3章
第4章
第5章
第6章
第7章
第8章
第9章
第10章
第11章
第12章
第13章
第14章
第15章

第 15 章

數位社會的資訊系統：
Salesforce.com

1. 前言

想必您應該很常聽到雲端「Cloud」這個字吧？譬如Apple的iCloud。之所以叫做雲端，是因為這些網路服務就像浮在空中的「雲」一樣。顧客只要透過手機、PC、智慧音箱等裝置連上網路，就能使用這些服務。另一方面，企業若能活用雲端服務，就可以開發出安全、低成本、快速、能為顧客帶來美好體驗的產品或服務。

本章中將會把焦點放在雲端服務上，說明如何用數位社會的資訊服務系統，建構出一套有效率的數位行銷機制。提供企業雲端服務的公司包括Salesforce.com、Amazon、Google、微軟等，許多公司的雲端部門營業額已超過每年1兆日圓，可見全球已有許多企業在使用雲端服務。本章將以提供企業雲端服務的先驅，美國的Salesforce.com為例，說明為什麼企業雲端服務在數位社會中那麼重要，以及為什麼這在數位行銷領域中是個重要主題。

2. Salesforce.com

◇企業雲端服務的先驅

　　從大企業、中小企業，到NPO（非營利組織），現在已有許多企業活用雲端服務進行各式各樣的行銷活動。譬如職棒球團中的歐力士猛牛，會即時分析踏入球場的觀眾在SNS上的推文與分享，並在比賽進行時，與顧客適當地交流。豐田也推出了Toyota Friend，將汽車比擬為裝有四個輪胎的iPhone或其他資訊裝置，這樣的汽車會隨時向車主報告自己的狀態。豐田還與SNS合作，推出各種加深與顧客連結的策略。日本郵政將日本全國郵局收到的建議、抱怨等資料放到雲端上管理、分析、分享，以期改善工作效率。LAWSON正在開發利於公司內資訊分享的資訊系統，輔助新門市開發業務、與分店店長的商談、月報／週報／日報、門市開發狀況、顧客意見的共享。另外，NPO法人Florence則活用雲端服務，進行「緊急育幼隊員」派遣服務的供需分析，這是一種當兒童突然生病時，可代替工作中的父母照顧兒童的服務。

　　以雲端形式提供這些資訊系統給企業使用的是Salesforce.com。1999年2月，以創業者／CEO的馬爾克・貝尼奧夫（Marc Benioff）為核心，與帕克・哈里斯（Parker Harris）等4名共同創業者在美國設立Salesforce.com。Salesforce.com的服務基於一個很簡單的概念，那就是透過網路雲端服務，提供企業各種商務應用程式。過去曾在美國IT企業甲骨文公司服務過的貝尼奧夫，在創業前思考的問題是，如何將Amazon這種以消費者為對象的網站的方便性，帶到B2B的世界。他的目標是終結過去製作販賣企業用軟體的軟體公司，以

第15

及終結專業軟體產業的商務模式。具體來說，就是實現「以新方法提供企業用軟體，簡化軟體的購買方式與使用方式，拿掉複雜的安裝、維護、定期更新等步驟，使更多人能輕易上手」的夢想。

◇高成長性與高經濟效率並立

與過去販賣企業用軟體時使用的買斷式契約不同，Salesforce採用的是訂閱式（參考專欄 7-2）販賣。只要連上Salesforce網站，簽訂使用契約，每位使用者支付每個月數千日圓的使用費就可以使用該軟體，用多久就付多少錢。Salesforce於2000年2月正式開始提供服務，並透過「用免費試用招攬用戶，之後再轉成付費服務」這種在當時並不多見的販售方式，降低用戶選擇產品時的風險（延後用戶的購買意願決定時間，增加購買的彈性），持續擴大用戶量。

Salesforce席捲了企業用軟體市場，自創業以來的17年間，每季營收皆為正成長，2018年1月結算的年營收高達1兆日圓，毛利率也一直維持在75%左右，是一家高獲利企業。他們在全世界擁有超過15萬家企業用戶，且還在持續增加中。訂閱方式購買服務，讓用戶不容易轉投他廠，使Salesforce能維持營收。毛利率為毛利佔營收的比例，由高毛利率可以看出Salesforce在雲端業務，可提供高效率的運作機制。

Salesforce的雲端業務提供用戶導向的使用者介面，在畫面和使用感方面做足工夫。除了提供管理一般業務活動、資料的取得與分析等基本服務外，也實現了安全性、可迅速回覆性、可規模化等服務。另外也和Google、Twitter、LINE等雲端服務合作，讓企業用戶

可擴充他們的服務。

◇重視用戶資訊的安全性

　　各位在保管極為重要的文件時，會購買保險箱放在家裡，將文件放在自家保險箱內；還是會向銀行租用保險箱呢？即使放在家中的保險箱，也可能會發生火災，或者被竊走。而將資料存放在雲端，就和租用保險箱的概念相當接近。

　　企業用戶會將資料存放在Salesforce.com提供的雲端服務上。企業用戶從他們的客戶蒐集到的資料中也包含個人資訊，為了保護他們的隱私，在資料管理上需要一定程度的安全性。Salesforce相當瞭解，安全性可以說是企業的生命線。一般來說，安全性可以分為機密性（不洩漏資料）、保全性（不遺失資料）、可用性（隨時都可取得資料）、監察性（可客觀評價使用正當性的設計與運用方式）。Salesforce通過了ISO27001與PrivacyMark等日本國內外的認證，顯示出客觀上他們有一定的安全水準。Salesforce在保存資料、傳送資料時須經過加密程序；為防止資料洩漏、遺失，時常備份資料；為防止天災造成資料毀損，設置了許多資料中心分散於世界各處。在「隨時都可取得資料」這點上，Salesforce的企業用戶與他們的客戶的可用率（系統正常運作的時間比例）時常維持在99%以上的水準。

專欄15-1

隱私

　　數位行銷領域中，如同我們在第 13 章中學到的研究過程一樣，會使用到許多用戶的個人資訊，在保護用戶隱私方面需特別慎重。

　　日本曾制定「個人資訊保護法」（平成 15 年法律第 57 號），並經過多次修正，現在施行的是「修正個人資訊保護法」。法條中提到，為了保護個人權利，定義姓名、出生年月日與其他可識別出身份的資訊為「個人資訊」，企業等團體在處理個人資訊時，需遵守某些特定義務。舉例來說，企業必須說明清楚使用這些個人資訊的目的，並在事前取得本人同意。且企業必須妥善管理這些資訊，防止外洩，若委託其他企業處理這些個人資訊的話，有適當監督受託方的義務。若企業故意洩漏、盜用個人資訊，則需受到有期徒刑或罰金等懲罰。因此，實務上在使用個人資訊時，會經過某些處理，使他人無法辨識出身份，又稱做「匿名加工資訊」。

　　另一方面，歐洲則有相當高水準的隱私保護規範。EU 於 2018 年 5 月制定一般資料保護規範（GDPR），進一步強化個人資訊保護。舉例來說，取得個人資訊時需得到當事人同意，也需知會當事人資訊的使用目的，以及資訊取得方是誰。另外，個人也有修正及刪除個人資訊的權利（也就是所謂的「被遺忘權」）。處理大量個資的企業需設置個資保護辦公室，聘請個資保護專家。在 EU 內的個資可以自由轉移，但將個資轉移到 EU 以外的地方時，只能轉移到個資保護能力有一定水準的國家。

　　進行數位行銷時，組織性的隱私保護動作是不可或缺的工作，譬如匿名化與用戶認證的取得。另外，各國法令與相關指引各有不同，企業必須依各國情況謹慎處理個人資訊。

◇改用Scrum式開發產品，藉此拓展客群

最後要談的是產品的開發方式。Salesforce.com自1999年創業以來一直持續開發著軟體，隨著產品越來越複雜，產品版本更新頻率卻逐漸下降，從原本每年更新四次降至每年更新一次。於是Salesforce決定將軟體開發方式從「瀑布式」這種傳統軟體開發手法，改革成「Scrum式」手法。Scrum式是一種敏捷開發手法，開發時會先製作出測試版軟體，再透過與客戶的對話，一邊嘗試錯誤一邊開發出新產品。

瀑布式開發機制中，會分成多個不同團隊，分別進行不同工作。譬如由產品管理團隊寫下規格書、使用者體驗（UX）團隊製作產品原型與使用者介面、由產品開發團隊製作技術規格與編寫程式碼、由品質管理團隊測試軟體、由文書團隊將使用說明文書化。

另一方面，Scrum式開發機制中，不會細分成不同團隊，而是全體員工一起投入開發工作。重視開發速度的CEO貝尼奧夫決定要將公司的產品開發模式全部轉變成Scrum式，由做為技術長（Chief Technology Officer，CTO）的哈里斯主導改革，建構跨組織團隊，使公司能在短時間內開發出新軟體，並在開發、測試的反覆進行下，提高產品版本的更新頻率。

許多企業也像Salesforce一樣，將產品開發方式轉變成Scrum式。面對市場變化與客戶的多種需求，企業也需加快產品、服務的開發速度，多次嘗試錯誤，才能維持產品水準。這種狀況下，提供企業用戶雲端服務的Salesforce基於自身使用雲端工具的經驗、開發資訊系統的知識，設置了「敏捷開發教練」這個職位支援企業用戶。

第15

3. 雲端

◇雲端的整體概念

　　如同我們在本章開頭提到的，從使用者的角度看到的雲端服務就像圖15-1般，使用者可透過各式各樣的網路服務，連到浮在空中的「雲」。使用者可透過個人電腦、智慧型手機、平板電腦、穿戴式行動裝置、智慧音箱連上網際網路或其他網路架構。除了個人之外，汽車、寵物、機器人、各種家電也可透過雲端串聯在一起。

【圖 15-1　雲端的概念圖】

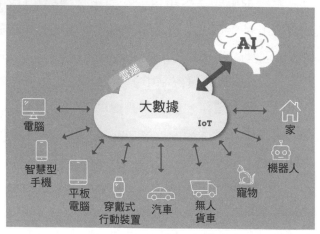

出處：RADIANT「Issue #6：機械と人の未来」

　　另一方面，企業也可藉由雲端服務的應用，提供更安全、更低成本、更快速的服務，以及更好的使用者體驗。像是IoT（參考第5章）這種由各種機器相連而成的通訊網路可累積相當多資料，又稱做大數據，企業常會用AI來分析這些資料。

　　雲端的定義是可共用的計算資源（網際網路、伺服器、儲存裝置、應用程式等多種服務的集合），不管何時何地，只要有網路就能連接上雲端服務（美國國家標準暨技術研究院）。

　　使用雲端服務就像租房子一樣，租客並不是自己建築或購買住宅，而是租用別人蓋好的房子。而且，雲端用戶租用的部分並不是像住宅那樣的有形物質，而是與許多用戶共同使用無形的IT服務，故可將租用價格降到最低。另外，就算要自己蓋自己居住的家，也不會從零開始準備材料，而是會購買規格共通的建材，再將它們一一組裝起來。雲端就是提供規格共通的服務。

　　用雲端實現數位行銷的概念如圖15-2所示。雲端服務企業會準備好硬體等基礎建設，提供企業用戶或個人用戶相應的應用程式，並開發、運用這些應用程式，或者提供資料分析AI等共通軟體模組。以前企業必須自行準備應用程式與共通的軟體模組、基礎建設，現在只要使用雲端企業提供的服務就可以了，相當便利，也讓企業更能將數位行銷用在消費者或企業客戶上。

【圖 15-2　使用雲端服務實現數位行銷】

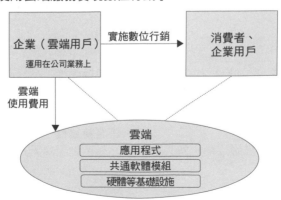

◇雲端的特徵

雲端的主要特徵包括不須初期投資、加速投入市場、以量計價、規模擴張性、事業持續性等（表15-1）。首先，雲端的使用契約就像租房一樣，採訂閱式購買（參考專欄 7-2），不需要初期投資。企業使用雲端服務後，就不需要建構資訊系統環境（建築物、空間、配線、電力、空調、伺服器、網路機器、儲存裝置、安全認證、軟體、操作人員等）。在雲端服務普及以前，企業通常會以用戶端設備（on-premises）建構資訊系統，需自行購買電腦與各種軟體。

第二，選擇購買雲端服務的話，馬上就可以開始使用相關功能；選擇用戶端設備的話，需從零開始準備各種軟硬體，相當耗費時間。兩者相比，選擇雲端服務可加快投入市場的速度。

【表 15-1　雲端的特徵】

用戶端設備（雲端出現以前）	雲端設備
·**初期投資** －必要（購買、擁有）	·**初期投資** －不需要（租用、使用） －投入市場的速度快
·**費用** －固定費用	·**費用** －依使用量決定，為變動費用
·**規模擴張性** －要擴大、縮小計算資源的規模時，需要一定的作業時間	·**規模擴張性** －可隨時變更規模（擴大或縮小）
·**事業持續性** －需自行分散風險以防止意外造成的損失	·**事業持續性** －較不會因為天災而中斷事業

　　第三，雲端服務費用就像電費和水費一樣，用多少就繳多少錢，想用的時候再用就好。若使用的是用戶端設備，需支付固定費用；改用雲端設備後，則可轉為變動費用，依使用量付費，且使用的起始／結束時間也比較有彈性。

　　第四，雲端有優異的規模擴張性。若使用的是用戶端設備，在想要擴張計算資源的規模時，需花費許多作業時間；若使用的是雲端設備，要增減計算資源就相對容易許多，當用戶突然增加，或者突然需要分析大量資料時（圖15-3），可以及時增加使用的資源量。

【圖 15-3　雲端的規模擴張性示意圖】

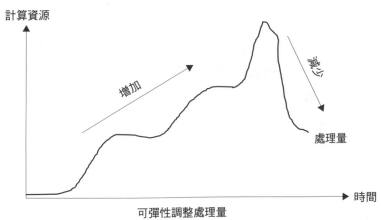

　　最後是事業持續性。企業需擬定適當對策，防止企業在發生地震、火災、海嘯等災害時，因巨大損失而無法持續經營。若使用的是用戶端設備，企業必須自行分散風險；若使用的是雲端設備，由於資訊系統分散在許多地理位置不同的地方，故分散災害風險的工作可放心交給雲端供應商的專家。

第 15 章

除了Salesforce.com以外，Amazon、Google、微軟、NTT集團、富士通、NEC、野村總研等多家企業也提供了企業用的雲端服務。

4. 敏捷開發

本節將介紹傳統的瀑布式開發、舉例說明什麼是敏捷開發，並比較兩者差異。對於實踐數位行銷的企業，以及自行開發資訊系統的公司來說，敏捷開發是相當重要的概念。

◇瀑布式開發

瀑布式開發顧名思義，就像「瀑布」一樣。以瀑布式開發資訊系統時，需按照計劃依序推進，就像從上游往下游流動的瀑布。在進行前一個步驟時，分析下一個步驟該做什麼，並逐步實現。舉例來說，若要建設一個大型市鎮，必須先計劃好街道的寬度、主要車站與道路位置等粗略框架，接著再逐步設計具體的細節，這樣效率才高。大型資訊系統也多是基於這種傳統概念開發而成。

不過，如同我們在Salesforce.com的例子中看到的一樣，隨著公司規模越來越大、作業分工越來越複雜，各部門就需要越多協調時間，使新產品、新服務在上市前需花費不少開發時間。

專欄15-2

AI（人工智慧）

AI（Artificial Intelligence）可翻譯成人工智慧。松尾豐將人工智慧定義為「由人類製造，擁有人類般智慧的智慧體，以及製造這種智慧體的技術」。目前的主流 AI 衍生自「能從資料中找出隱藏規則」的機器學習，也稱做深度學習，可以從原始資料中分析出應該要注重資料的哪個部分，進而從人類難以處理的複雜、龐大資訊中，得到新的見解。隨著電腦處理能力與計算速度的提升，再加上雲端累積的龐大資料，如今的 AI 已可說是威力相當強的工具。

在數位行銷領域中，推薦系統與搜尋引擎就是 AI 應用的例子。推薦系統會記錄使用者「閱覽的產品、購買的產品」等行動，進行機器學習，從大量資料中找出使用者的行為模式。我們在第 1 章中看到的 Amazon 推薦功能，就是其中的代表。另外，就像我們在第 13 張中學到的一樣，提供各種數位服務的 Google，已將深度學習應用在 20 多種服務上。譬如 Google 主要服務中的搜尋功能與搜尋連動廣告，就會用到深度學習（RankBrain），是搜尋結果排序的重要因素之一。特別是相對較新的搜尋關鍵字，RankBrain 的效果特別好。另外，深度學習有個特徵，它就像一個黑盒子一樣，我們通常不曉得為什麼一個深度學習的類神經網路可以得到某種分析結果。不過 Google 正在嘗試理解 AI 的運作模式。

第 **15** 章

【圖 15-4　瀑布式開發的概念】

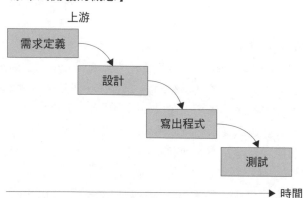

◇**敏捷開發的背景**

　　敏捷開發是在意識到許多企業的共通問題後，從開發實現產品的過程中誕生的產物。2001年時，一群敏捷開發的發起者在美國猶他州雪鳥聚會，發表了「敏捷軟體開發宣言」，內容為「比起過程與工具，更重視個人與對話；比起詳盡的文件，更重視軟體的可用程度；比起契約交涉，更重視與客戶的合作；比起遵循計劃，更重視如何回應變化。也就是說，我們認為各項中的後者，價值比前者還要高」。

　　在商業模式還不穩定且變化快速的環境下，敏捷開發可以讓企業迅速收到使用者的回饋，瞭解產品有哪些需要變更的項目，在短期內迅速實裝優先度較高的功能，減少產品無法在短期內完成的風險。這不只是步驟或流程的改變，敏捷開發的宣言是整個價值觀的革新。

◇敏捷開發的特徵

如圖15-5所示，敏捷開發與瀑布式開發有很大的不同，需在短期內反覆進行需求、設計、寫出程式、測試等步驟。在開發過程中，各種更新與嘗試錯誤的時程彼此重疊，讓客戶直接看到軟體的具體運作情況，獲得客戶回饋後再以此修改軟體。

【圖 15-5　敏捷開發的概念】

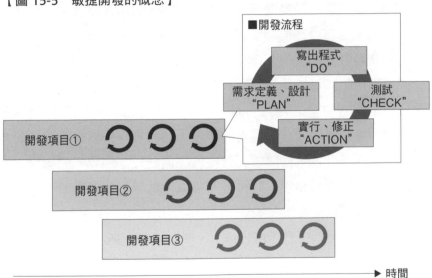

重要的是，兩種開發方式的差異不僅在於流程進行上的不同。如同前面提到的敏捷軟體開發宣言所示，兩種開發方式主要差在精神。包括重視對話的精神，開發者必須與第一線的實踐者及顧客徹底對話；比起設計書等精美的文件，更重視實際製作出會動的軟體的精神，讓產品能實際被看到、被接觸到，以獲得評論；與客戶一起創造新產品的精神；面對環境變化時可以彈性應對的精神等等。

第15章

由此可見，敏捷開發誕生於第一線的實踐過程，是相當重視實踐過程的開發方式。

有人說，瀑布開發法是依照預測到的未來情況來安排流程的開發方式，敏捷開發法則是依照過去經驗來安排流程的開發方式。在Salesforce.com的例子中提到的「Scrum式開發」是1990年代出現的軟體開發方式，與之後出現的敏捷軟體開發宣言擁有共同的精神，是其中一種主要的敏捷開發方式。為什麼Scrum式開發可以發揮很強創造力，且有很高的開發速度呢？事實上，Scrum式開發源自於竹內弘高與野中郁次郎在1986年發表的論文，依照「就像橄欖球隊一樣，團結起隊員把球運到另一端」的概念，重新定義開發流程，並分析了當時的本田與Canon開發新產品的過程，研究為什麼他們的開發速度那麼快，且有很大的彈性。開發過程中沒有明確的新產品企劃書與設計書，從開始到最後的每個階段都由單一團隊自主進行，每個團隊都跨出自己的專業，組織性地學習每個環節，所以整個開發團隊能夠快速進步。

舉例來說，瑞可利（Recruit）、樂天、富士通、NTT docomo、Mercari等企業都會以敏捷開發的方式執行計畫。想必敏捷開發在未來應會成為重要的開發方式之一。

最後，瀑布式開發與敏捷開發都是重要的開發方式，企業應依照目的與狀況選擇適當的方法開發產品，在理解某種開發手法的優點與會遭遇的問題的情況下，適當推進開發進度。

5. 結語

本章中以Salesforce.com為例，說明什麼是雲端與敏捷開發。對於負責數位行銷的行銷人員來說，本章內容應該可以幫助您了解資訊系統的基礎知識，讓您在實際執行行銷策略時，知道該使用雲端服務，還是自行開發資訊系統。

事實上，促進企業的敏捷開發是使用雲端服務的特徵。敏捷開發把焦點放在與使用者的合作開發，故需要盡早準備好可以動的應用程式。雲端服務可支援應用程式開發，且部分資訊系統的維護與版本更新工作可由雲端服務商自動完成。因此，雲端服務可讓企業將資源集中在直接關係到顧客價值提升的應用程式開發，使敏捷開發更容易實現。

第 15 章

❓ 深入思考

①試舉例說明活用雲端服務的優點。

②試思考敏捷開發時使用雲端服務的優點，以及雲端服務可促進敏捷開發的理由。

③試思考建構數位行銷用的資訊系統時，有哪些點要特別留意。

進階閱讀

☆若想深入瞭解資訊系統的敏捷開發，請閱讀

　　平鍋健兒、野中裕次郎《アジャイル開発とスクラム：顧客、技術、経営をつなぐ協調的ソフトウェア開発マネジメント》翔泳社，2013年。

☆若想深入瞭解雲端服務的革新之一，雲端上的AI，請閱讀

　　松尾豊（江裕真譯）《了解人工智慧的第一本書：機器人和人工智慧能否取代人類？》經濟新潮社，2016年。

作者介紹（依章節順序排列）

西川英彥（Nishikawa Hidehiko）.........................第1章、第4章
法政大學 經營學部 教授

澀谷覚（Shibuya Satoru）...第2章
學習院大學 國際社會科學部 教授

山本晶（Yamamoto Hikaru）...第3章
慶應義塾大學大學院 經營管理研究科 副教授

石田大典（Ishida Daisuke）...第5章
日本大學 商學部 副教授

本條晴一郎（Honjou Seiichirou）.................................第6章
靜岡大學學術院 工學領域事業開發管理系列 副教授

石井裕明（Ishii Hiroaki）...第7章
成蹊大學 經濟學部 副教授

奧瀨喜之（Okuse Yoshiyuki）.......................................第8章
專修大學 商學部 教授

橫山齊理（Yokoyama Narimasa）...................................第9章
法政大學 經營學部 教授

水越康介（Mizukoshi Kosuke）...................................第10章
首都大學東京 經濟經營學部 副教授

外川拓（Togawa Taku）...第11章
千葉商科大學 商經學部 副教授

浦野寬子（Urano Hiroko）...第12章
立正大學 經營學部 教授

大竹光壽（Ootake Mitsutoshi）...................................第13章
明治學院大學 經濟學部 副教授

遊橋裕泰（Yuuhashi Hiroyasu）...................................第14章
靜岡大學 資訊學部 副教授

依田祐一（Yoda Yuuichi）...第15章
立命館大學 經濟學部 副教授

新商業周刊叢書 BW0765

從零開始讀懂數位行銷

原 文 書 名／1からのデジタル.マーケティング
作　　　者／西川英彥、澁谷覚
譯　　　者／陳朕疆
責 任 編 輯／劉芸
版　　　權／黃淑敏、翁靜如、吳亭儀、邱珮芸
行 銷 業 務／王　瑜、黃崇華、林秀津、周佑潔

總 編 輯／陳美靜
總 經 理／彭之琬
事業群總經理／黃淑貞
發 行 人／何飛鵬
法 律 顧 問／台英國際商務法律事務所 羅明通律師
出　　　版／商周出版　台北市中山區民生東路二段141號9樓
　　　　　　電話：(02)2500-7008　傳真：(02)2500-7759
　　　　　　E-mail：bwp.service@cite.com.tw
發　　　行／英屬蓋曼群島商家庭傳媒股份有限公司 城邦分公司
　　　　　　台北市104民生東路二段141號2樓
　　　　　　讀者服務專線：0800-020-299 24小時傳真服務：(02) 2517-0999
　　　　　　讀者服務信箱E-mail: cs@cite.com.tw
　　　　　　劃撥帳號：19833503 戶名：英屬蓋曼群島商家庭傳媒股份有限公司城邦分公司
訂 購 服 務／書虫股份有限公司客服專線：(02) 2500-7718；2500-7719
　　　　　　服務時間：週一至週五上午09:30-12:00；下午13:30-17:00
　　　　　　24小時傳真專線：(02) 2500-1990；2500-1991
　　　　　　劃撥帳號：19863813 戶名：書虫股份有限公司
　　　　　　E-mail: service@readingclub.com.tw
香港發行所／城邦(香港)出版集團有限公司
　　　　　　香港灣仔駱克道193號東超商業中心1樓
　　　　　　電話：(825)2508-6231　傳真：(852)2578-9337
　　　　　　E-mail: hkcite@biznetvigator.com
馬新發行所／城邦(馬新)出版集團
　　　　　　Cite (M) Sdn Bhd
　　　　　　41, Jalan Radin Anum, Bandar Baru Sri Petaling, 57000 Kuala Lumpur, Malaysia.
　　　　　　電話：(603) 9057-8822 傳真：(603) 9057-6622 E-mail: cite@cite.com.my

封面設計／黃宏穎　　美術編輯／劉依婷
印　　　刷／鴻霖印刷傳媒股份有限公司
經 銷 商／聯合發行股份有限公司　電話：(02)2917-8022　傳真：(02) 2911-0053
　　　　　　地址：新北市231新店區寶橋路235巷6弄6號2樓

1 KARA NO DIGITAL MARKETING
© HIDEHIKO NISHIKAWA / SATORU SHIBUYA 2019
Originally published in Japan in 2019 by SEKIGAKUSHA INC.
Chinese translation rights arranged through TOHAN CORPORATION, TOKYO.

2021年04月13日初版1刷

城邦讀書花園
www.cite.com.tw

國家圖書館出版品預行編目(CIP)資料

從零開始讀懂數位行銷：一本掌握社群經營、媒體
平台、商業模式的基礎/西川英彥, 澁谷覚著；陳朕疆
譯. -- 初版. -- 臺北市：商周出版：英屬蓋曼群島商家
庭傳媒股份有限公司城邦分公司發行, 2021.04
　面；　公分
譯自：1からのデジタル.マーケティング
ISBN 978-986-5482-71-8(平裝)

1.網路行銷 2.電子商務 3.網路社群

496　　　　　　　　　　　　　　110004266

廣　告　回　函
北區郵政管理登記證
台北廣字第000791號
郵資已付，免貼郵票

104台北市民生東路二段141號2樓
英屬蓋曼群島商家庭傳媒股份有限公司
城邦分公司　收

請沿虛線對摺，謝謝！

書號：BW0765　　書名：從零開始讀懂數位行銷　　編碼：

讀者回函卡

感謝您購買我們出版的書籍！請費心填寫此回函卡，我們將不定期寄上城邦集團最新的出版訊息。

不定期好禮相贈
立即加入：商周
Facebook 粉絲

姓名：＿＿＿＿＿＿＿＿＿＿＿＿＿＿＿＿＿＿＿＿＿＿＿ 性別：□男 □女

生日：西元＿＿＿＿＿＿＿年＿＿＿＿＿＿＿月＿＿＿＿＿＿日

地址：＿＿＿＿＿＿＿＿＿＿＿＿＿＿＿＿＿＿＿＿＿＿＿＿＿＿＿

聯絡電話：＿＿＿＿＿＿＿＿＿＿＿ 傳真：＿＿＿＿＿＿＿＿＿＿＿

E-mail：

學歷：□ 1. 小學 □ 2. 國中 □ 3. 高中 □ 4. 大學 □ 5. 研究所以上

職業：□ 1. 學生 □ 2. 軍公教 □ 3. 服務 □ 4. 金融 □ 5. 製造 □ 6. 資訊

□ 7. 傳播 □ 8. 自由業 □ 9. 農漁牧 □ 10. 家管 □ 11. 退休

□ 12. 其他＿＿＿＿＿＿＿＿＿＿＿＿＿＿＿＿＿＿

您從何種方式得知本書消息？

□ 1. 書店 □ 2. 網路 □ 3. 報紙 □ 4. 雜誌 □ 5. 廣播 □ 6. 電視

□ 7. 親友推薦 □ 8. 其他＿＿＿＿＿＿＿＿＿＿＿＿

您通常以何種方式購書？

□ 1. 書店 □ 2. 網路 □ 3. 傳真訂購 □ 4. 郵局劃撥 □ 5. 其他＿＿＿＿

您喜歡閱讀那些類別的書籍？

□ 1. 財經商業 □ 2. 自然科學 □ 3. 歷史 □ 4. 法律 □ 5. 文學

□ 6. 休閒旅遊 □ 7. 小說 □ 8. 人物傳記 □ 9. 生活、勵志 □ 10. 其他

對我們的建議：＿＿＿＿＿＿＿＿＿＿＿＿＿＿＿＿＿＿＿＿＿

＿＿＿＿＿＿＿＿＿＿＿＿＿＿＿＿＿＿＿＿＿＿＿＿＿＿＿＿＿

＿＿＿＿＿＿＿＿＿＿＿＿＿＿＿＿＿＿＿＿＿＿＿＿＿＿＿＿＿